乡村振兴之
农民素质教育提升系列丛书

U0884363

化肥农药减施增效技术

◎ 才金华　徐钦军　董德龙　鲍金平　主编

中国农业科学技术出版社

图书在版编目（CIP）数据

化肥农药减施增效技术 / 才金华等主编 .—北京：中国农业科学技术出版社，2019. 7（2024.11重印）

（乡村振兴之农民素质教育提升系列丛书）

ISBN 978-7-5116-4314-8

Ⅰ. ①化… Ⅱ. ①才… Ⅲ. ①施肥 ②农药施用 Ⅳ. ①S147.2 ②S48

中国版本图书馆 CIP 数据核字（2019）第 152088 号

责任编辑　张志花
责任校对　李向荣

出 版 者　中国农业科学技术出版社
　　　　　北京市中关村南大街12号　　邮编：100081
电　　话　（010）82106636（编辑室）（010）82109702（发行部）
　　　　　（010）82109709（读者服务部）
传　　真　（010）82106631
网　　址　http: // www.castp.cn
经 销 者　全国各地新华书店
印 刷 者　北京建宏印刷有限公司
开　　本　850mm × 1 168mm　1/32
印　　张　5.25
字　　数　125千字
版　　次　2019年7月第1版　　2024年11月第4次印刷
定　　价　26.00元

《化肥农药减施增效技术》

编委会

主　编	才金华	徐钦军	董德龙	鲍金平
副主编	王召康	范以香	徐爱华	刘永军
	康德华	宋建军	张玉英	
编　委	李　明	陈　莉	张有才	律　涛
	李学来	张福胜	王桂香	吕　铭
	肖　禹	寿绍贤	张晓平	朱新艳

PREFACE 前　言

化肥和农药是重要的农业生产资料，在促进粮食和农业生产发展中起着不可替代的作用。但由于化肥和农药过量施用、盲目施用，加之施肥、施药方法不够科学，带来生产成本增加、农产品残留超标、作物药害、环境污染等问题。因此，需要改进施肥方式提高肥料利用率，有效控制化肥和农药使用量，从而保障农业生产安全、农产品质量安全和生态环境安全，促进农业可持续发展。

本书在农业农村部印发的《到2020年化肥使用量零增长行动方案》和《到2020年农药使用量零增长行动方案》指导下，对化肥农药减施增效概述、测土配方施肥技术、有机肥替代技术、秸秆还田技术、水肥一体化技术、农业防治技术、精准施药技术、绿色防治技术等方面进行了详细分析，力求对化肥农药减施增效的实施有所启发。本书语言通俗，内容新颖，具有较强的实用性和可读性，对农业生产者和农技推广人员具有重要的参考价值。

由于编者水平和编写时间的限制，书中可能存在不足之处，欢迎广大读者批评指正。

编　者

2019年5月

CONTENTS 目 录

第一章 化肥农药减施增效概述

第一节 化肥农药施用现状

一、化肥施用现状

我国是化肥生产和使用大国。据国家统计局数据，2016年我国农用氮、磷、钾化学肥料（折纯）产量累计达7 004.9万吨；2016年我国农用化肥施用量达5 984万吨（折纯）。

当前我国化肥施用存在4个方面问题。

1. 亩[①]均施用量偏高

我国农作物亩均化肥用量21.9千克，远高于世界平均水平（每亩8千克），是美国的2.6倍，欧盟的2.5倍。

① 1亩≈667米^2，全书同。

2. 施肥不均衡现象突出

东部经济发达地区、长江下游地区和城市郊区施肥量偏高，蔬菜、果树等附加值较高的经济园艺作物过量施肥比较普遍。

3. 有机肥资源利用率低

目前，我国有机肥资源总养分约7 000多万吨，实际利用不足40%。其中，畜禽粪便养分还田率为50%左右，农作物秸秆养分还田率为35%左右。

4. 施肥结构不平衡

重化肥、轻有机肥，重大量元素肥料、轻中微量元素肥料，重氮肥、轻磷钾肥，“三重三轻”问题突出。传统人工施肥方式仍然占主导地位，化肥撒施、表施现象比较普遍，机械施肥仅占主要农作物种植面积的30%左右。

5. 施肥方法不科学

人们往往注重大豆底肥的施入，很少进行追肥，致使作物生长后期出现脱肥现象，影响作物的产量。水稻、玉米轻施底肥，重追肥，并且追肥量大而且集中，这不仅造成浪费，而且肥料利用率低。造成生长后期贪青、晚熟、倒伏。种肥不分、施肥深度过浅也是化肥利用率过低的一个重要原因，大多数农民在给作物追肥时仍采用人工或小四轮条施再起垄掩埋的办法。这种施肥方法虽然省工省力，但仍易造成化肥的挥发，不可避免地降低了化肥利用率。

二、农药施用现状

施用农药是防病治虫的重要措施。多年来，因农作物播种面积逐年扩大、病虫害防治难度不断加大，农药使用量总体呈上升趋势。据统计，2001—2016年，我国化学农药原药产量由78.72万吨增长至377.80万吨，年复合增长率为11.02%。2012—2014年农作物病虫害防治农药年均使用量31.1万吨（折百，下同），比2009—2011年增长9.2%。农药的过量使用，不仅造成生产成本增加，也影响农产品质量安全和生态环境安全。近年来，随着我国政府修订农药管理规制，完善技术标准，强化农药管理，我国农药使用量连续4年负增长，我国农业产地环境逐步改善。

第二节　化肥农药减施增效的意义

目前，我国经济发展进入新常态，加快转变农业发展方式，促进农业可持续发展，推进生态文明建设，迫切需要减少化肥农药使用。推行化肥农药减量使用，是我国农药应用行业的一项重大创新，必将对推进农业面源污染治理，建设资源节约型、环境友好性社会，保障农业生产安全、农产品质量安全和生态环境安全，促进农业可持续发展，产生积极而深远的影响。主要体现在4个方面。

一、提高农产品质量安全水平

农产品的化肥农药污染和残留超标，是影响我国农产品质量安全水平的一个重要因素。实现化肥农药的科学减量使用，将在一定程度上减轻化肥农药对农产品的污染，也将有效控制农产品农药残留超标，必将大大提高我国农产品质量安全水平，增强农产品国际竞争力。

二、减轻农作物药害和抗药性发生

如果化肥农药不合理使用特别是过量使用，就容易产生农作物药害。近年来化肥、除草剂等不合理使用，引发农作物药害事故频繁发生。同时，化肥农药的乱用、滥用和过量使用，是病虫草鼠抗药性产生的主要原因。实现化肥农药的科学减量使用，将有效预防农作物药害发生，延缓抗药性的发展。

三、促进农民增收

粮食和农业效益仍然偏低，重要的原因是生产成本增加较快。既有劳动力成本的增加，也有物化成本的增加。化肥农药是重要的投入品，施用化肥农药需大量人工，过量施肥施药必然造成农业生产成本增加。实现化肥农药的科学减量使用，不仅能保障农业增产，而且可以降低化肥农药使用成本，因而也有利于农业增效、农民增收。

四、保护农业生态环境

化肥农药是造成农业和农村面源污染的一个重要方面。长期以来，化肥农药的大量使用不仅对农田产生严重污染，而且化肥农药进入土壤、水体、大气，也对农业水生态环境造成破坏。实现化肥农药的科学减量使用，将从源头上减轻化肥农药对环境的影响，对于保护农业生态安全具有重大意义。

第三节　化肥农药减施增效的技术路径

一、化肥减施增效的技术路径

一是精，即推进精准施肥。根据不同区域土壤条件、作物产量潜力和养分综合管理要求，合理制定各区域、作物单位面积施肥限量标准，减少盲目施肥行为。

二是调，即调整化肥使用结构。优化氮、磷、钾配比，促进大量元素与中微量元素配合。适应现代农业发展需要，引导肥料产品优化升级，大力推广高效新型肥料。

三是改，即改进施肥方式。大力推广测土配方施肥，提高农民科学施肥意识和技能。研发推广适用施肥设备，改表施、撒施为机械深施、水肥一体化、叶面喷施等方式。

四是替，即有机肥替代化肥。通过合理利用有机养分资源，用有机肥替代部分化肥，实现有机无机相结合。提升耕地基础地力，用耕地内在养分替代外来化肥养分投入。

二、农药减施增效的技术路径

根据病虫害发生为害的特点和预防控制的实际，坚持综合治理、标本兼治，重点在“控、替、精、统”4个字上下功夫。

一是“控”，即控制病虫发生为害。应用农业防治、生物防治、物理防治等绿色防控技术，创建有利于作物生长、天敌保护而不利于病虫害发生的环境条件，预防控制病虫发生，从而达到少用药的目的。

二是“替”，即高效低毒低残留农药替代高毒高残留农药、大中型高效药械替代小型低效药械。大力推广应用生物农药、高效低毒低残留农药，替代高毒高残留农药。开发应用现代植保机械，替代跑冒滴漏落后机械，减少农药流失和浪费。

三是“精”，即推行精准科学施药。重点是对症适时适量施药。在准确诊断病虫害并明确其抗药性水平的基础上，配方选药，对症用药，避免乱用药。根据病虫监测预报，坚持达标防治，适期用药。按照农药使用说明要求的剂量和次数施药，避免盲目加大施用剂量、增加使用次数。

四是“统”，即推行病虫害统防统治。扶持病虫防治专业化服务组织、新型农业经营主体，大规模开展专业化统防统治，推行植保机械与农艺配套，提高防治效率、效果和效益，解决一家一户“打药难”“乱打药”等问题。

第二章 测土配方施肥技术

第一节　测土配方施肥技术概述

一、测土配方施肥的概念

农作物生长的根基是土壤，植物养分中的60%～70%是从土壤中吸收的。而测土配方施肥技术是一种有效的施肥手段。它协调和解决了作物需求、土壤供应和土壤培肥这三方面的关系，实现了各种养分全面均衡供应，最终达到优质高产、节支增收的目的。

测土配方施肥是农业技术人员运用现代农业的科学理论和先进的测试手段，为农业生产单位或农户提供科学施肥指导和服务的一种技术系统。所谓测土配方施肥就是指以土壤养分测试和肥料田间试验为基础，根据作物需肥规律、土壤供肥性能和肥料性质及肥料利用率，在合理施用有机肥的基础上，提出氮、磷、钾及中量、微量元素等肥料的施用品种、数量、施肥时期和施用方法，以满足作物均衡地吸收各种营养，同时维持土壤的肥力水平，减少养分流失和对土壤的污染，达到高产、优质和高效的目的。

测土配方施肥的主要内容概括为6个字，3个步骤，即“测土-配方-施肥”。

“测土”是配方施肥的基础，也是制定肥料配方的重要依据。能否将肥料施好，首先看能否将“测土”这个步骤做好，因此这一步很关键。它包括取土和化验分析两个环节，具体开展时要根据测土配方施肥的技术要求、作物种植和生长情况，选取重点区域、代表性地块进行有针对性地取样分析，这样才能正确测定土壤中的有关营养元素、摸清土壤肥力的详细情况，掌握好土壤的供肥性能。

“配方”是配方施肥的重点。就是根据土壤中营养元素的丰缺情况和计划产量等问题提出施肥的种类和数量。即经过对土壤的营养诊断，按照庄稼需要的营养种类和数量“开出药方并按方配药”。这一步骤既是关键又是重点，是整个技术的核心环节。其中心任务是根据土壤养分供应状况、作物状况和产量要求，在生产前的适当时间确定出施用肥料的配方，即肥料的品种、数量与肥料的施用时间、施用方式和方法。

“施肥”是配方施肥的最后一步，就是依据农作物的需肥特点制定出基肥、种肥和追肥的用量，合理安排基肥、种肥和追肥的比例、规定施用时间和方法，以发挥肥料的最大增产作用。具体实施时有两种选择途径：一是直接使用已经制定好的配方肥料，由肥料经销商向农民供应调制好的配方肥，农民用上优质、高效、方便的“傻瓜肥”，省去个人配肥的烦琐工作。二是针对示范区农户地块和作物种植状况，制定“测土配方施肥建议卡”，在建议卡上写明各种肥料的种类及数量，农民可以根据配方建议卡自行购买肥料并配合施用。特别需要注意的是，这里所说的肥料应当包括农家肥和化肥的配合施用。

二、测土配方施肥的内容

1. 田间试验

田间试验是获得各种作物最佳施肥量、施肥时期、施肥方法的根本途径，也是筛选、验证土壤养分测试技术、建立施肥指标体系的基本环节。通过田间试验，掌握各个施肥单元不同作物的优化施肥量，基、追肥分配比例，施肥时期和施肥方法；摸清土壤养分校正系数、土壤供肥量、农作物需肥参数和肥料利用率等基本参数；构建作物施肥模型，为施肥分区和肥料配方提供依据。

2. 土壤测试

测土是制定肥料配方的重要依据之一，随着我国种植业结构不断调整，高产作物品种不断涌现，施肥结构和数量发生了很大的变化，土壤养分库也发生了明显改变。通过开展土壤氮、磷、钾、中微量元素养分测试，了解土壤供肥能力状况。

3. 配方设计

肥料配方环节是测土配方施肥工作的核心。通过总结田间试验、土壤养分数据等，划分不同区域施肥分区；同时，根据气候、地貌、土壤、耕作制度等相似性和差异性，结合专家经验，提出不同作物的施肥配方。

4. 校正试验

为保证肥料配方的准确性，最大限度地减少配方肥料批量生产和大面积应用的风险，在每个施肥分区单元，设置配方施肥、农户习惯施肥、空白施肥3个处理，以当地主要作物及其主栽品种为研究对象。对比配方施肥的增产效果，校验施肥参数，验证并完善肥料配方，改进测土配方施肥技术参数。

5. 配方加工

配方落实到农户田间是提高和普及测土配方施肥技术的最关键环节。目前不同地区有不同的模式，其中最主要的也是最具有市场前景的运作模式就是市场化运作、工厂化生产、网络化经营。这种模式适应我国农村农民科技素质低、土地经营规模小、技物分离的现状。

6. 示范推广

为促进测土配方施肥技术能够落实到田间地头，既要解决测土配方施肥技术市场化运作的难题，又要让广大农民亲眼看到实际效果，这是限制测土配方施肥技术推广的“瓶颈”。建立测土配方施肥示范区，为农民创建窗口，树立样板，全面展示测土配方施肥技术效果。推广“一袋子肥”模式，将测土配方施肥技术物化成产品，打破技术推广“最后一公里”的“坚冰”。

7. 宣传培训

测土配方施肥技术宣传培训是提高农民科学施肥意识，普及技术的重要手段。农民是测土配方施肥技术的最终使用者，迫切需要向农民传授科学施肥方法和模式；同时还要加强对各级技术人员、肥料生产企业、肥料经销商的系统培训。逐步建立技术人员和肥料商持证上岗制度。

8. 效果评价

农民是测土配方施肥技术的最终执行者和落实者，也是最终的受益者。检验测土配方施肥的实际效果，要及时获得农民的反馈信息，不断完善管理体系、技术体系和服务体系。同时，为科学地评价测土配方施肥的实际效果，必须对一定的区域进行动态调查。

9. 技术创新

技术创新是保证测土配方施肥工作长效性的科技支撑。重点开展田间试验方法、土壤养分测试技术、肥料配制方法、数据处理方法等方面的研发工作，不断提升测土配方施肥技术水平。

三、测土配方施肥的原则

1. 有机无机相结合的原则

有机肥料为基础。施用有机肥料可以增加土壤有机质含量，改善土壤水、肥、气、热状况，提高土壤保水保肥性能，补充氮、磷、钾及多种中、微量元素，还可以为作物后期补充养分。

2. 大、中、微量营养元素配合的原则

根据作物生长的需要，有针对性地补充各种营养元素，是测土配方施肥的重要内容。不仅强调氮、磷、钾大量元素的合理配比，还要兼顾中量、微量元素的配合施用，才能获得高产。

3. 用地与养地相结合的原则

耕地是一个相对独立的养分循环系统，客观上要求实现养分输出与输入相平衡。为此必须坚持用养结合，形成物质和能量的良性循环，才能实现耕地资源的可持续利用。

第二节　测土配方施肥的方法

一、目标产量配方法

目标产量配方法是根据作物产量的构成，按照土壤和肥料两方面供应养分的原理来计算施肥量。目标产量确定后，根据需要吸收多少养分才能达到目标产量，来计算施肥量。此方法又可分为养分平衡法和地力差减法，两者的区别在于计算土壤供肥量的不同。

1. 养分平衡法

养分平衡法，是通过施肥达到作物需肥和土壤供肥之间养分平衡的一种配方施肥方法。其具体内容是：用目标产量的需肥量减去土壤供肥量，其差额部分通过施肥进行补充，以使作物目标产量所需的养分量与供应养分量之间达到平衡。

2. 地力差减法

地力差减法是利用目标产量减去地力产量来计算施肥量的一种方法。地力产量就是作物在不施任何肥料的情况下所得到的产量，又称空白产量。

二、地力分区（级）配方法

地力分区（级）配方法的主要内容有两方面，首先根据地力情况，将田地分成不同的区或级，然后再针对不同区或级田块的特点进行配方施肥。

1. 根据地力分区（级）

分区（级）的方法，可以根据测土配方施肥土壤样本检测数据，按土壤养分测定值高低，划分出高、中、低不同的地力等级；也可以根据产量基础，划分若干肥力等级。在较大的区域内，可以根据测土配方施肥耕地地力评价，对农田进行分区划片，以每一个地力等级单元作为配方区。

2. 根据地力等级配方

由于不同配方区的地力差别，应在分区的基础上，针对不同配方区的特点，根据土壤样点分析数据及田间试验结果，以及当地群众的实践经验，制定出适合不同配方的适宜肥料种类、用量和具体的实施方法。

三、田间试验配方法

选择有代表性的土壤，应用正交、回归等科学的试验设计，进行多年、多点田间试验，然后根据对试验资料的统计分析结果，确定肥料的用量和最优肥料配合比例的方法称为田间试验法。

1. 肥料效应函数法

不同肥料施用量对作物产量的影响，称为肥料效应。施肥量与产量之间的函数关系可用肥料效应方程式表示。此法一般采用单因素或双因素多水平试验设计为基础，将不同处理得到的产量进行数理统计，求得产量与施肥量之间的函数关系（即肥料效应方程式）。对方程式的分析，不仅可以直观地看出不同元素肥料的增产效应，以及其配合施用的联应效果，而且还可以分别计算出肥料的经济施用量（最佳施用量）、施肥上限和施肥下限，作为建议施肥量的依据。

2. 养分丰缺指标法

对不同作物进行田间试验，如果田间试验的结果验证了土壤速效养分的含量与作物吸收养分的数量之间有良好的相关性，就可以把土壤养分的测定值按一定的级差划分成养分丰缺等级，提出每个等级的施肥量，制成养分丰缺及所施肥料数量检索表，然后只要取得土壤测定值，就可对照检索表按级确定肥料施用量，这种方法被称为养分丰缺指标法。

为了制定养分丰缺指标，首先要在不同土壤田地上安排田间试验，设置全肥区（如NPK）或缺肥区（如NP）两个处理，最后测定各试验地土壤速效养分的含量，并计算不同养分水平下的相对产量（即NP/NPK × 100）。相对产量越接近100%，施肥的效果越差，说明土壤所含养分越丰富。在实践中一般以相对产量作为分级标准。通常的分级指标是：相对产量大于95%归为“极丰”，85% ~ 95%为“丰”，75% ~ 85%为“中”，50% ~ 75%为“缺”，小于50%为“极缺”。在养分含量极缺或缺的田块施肥，肥效显著，增产幅度大；在养分含量中等的田块，肥效一般，可增产10%左右；在养分含量丰富或极丰富田块施肥，肥效极差或无效。

3. 氮、磷、钾比例法

通过田间试验，确定氮、磷、钾三要素的最适用量，并计算出三者之间的比例关系。在实际应用时，只要确定了其中一种养分的用量，然后按照各种养分之间的比例关系，再确定其他养分的肥料用量，这种定肥方法叫氮、磷、钾比例法。

配方施肥的3类方法可以互相补充，并不互相排斥。形成一种具体的配方施肥方案时，可以其中一种方法为主，参考其他方法，配合运用，这样可以吸收各种方法的优点，消除或减少采用一种方法的缺点，在产前确定更加符合实际的肥料用量。

第三节　主要农作物的测土配方施肥技术

一、小麦的测土配方施肥技术

（一）小麦需肥量

在一般中等肥力水平下，每生产100千克小麦，约需从土壤中吸收氮3千克、五氧化二磷1.25千克，氧化钾2.5千克。

以亩产400千克小麦为目标，需氮 19～21千克，五氧化二磷 5.5～6.0千克，氧化钾 10～12千克。其中有机养分分别占35%、35%和70%。即在施足有机肥的基础上，每亩还应分别施用尿素27～30千克，过磷酸钙30～33千克，氯化钾5～6千克。

（二）小麦肥料的分配与施用

小麦施肥要克服钾肥不足、氮肥运筹前期重中后期轻的旧施肥习惯。有机肥宜作基肥和前期追肥；磷、钾肥可全作基肥，或80%作基肥，20%作后期追肥；氮肥基、追各半。具体施肥技术如下。

1. 施足基肥，早施苗肥

基肥：实行秸秆还田或亩施优质农家肥2～3米^3，专用配方肥40～50千克，或磷酸二铵15千克配施尿素15千克。苗肥：施氮量占总氮量的10%～20%，亩用尿素6千克左右。苗肥要早施，宜在两叶一心前施用。

2. 施好拔节孕穗肥

此时需肥最多，要防止脱肥早衰，防止恋青徒长。拔节肥用量应占总用氮量的30%～40%，一般亩施8.5～11千克尿素，高产田块配施2.5千克磷酸二铵、2.5～5千克氯化钾。

3. 搞好后期根外喷肥（叶面施肥）

根外喷肥是补充小麦后期营养不足的一种有效施肥方法。由于麦田后期不便追肥，且根系的吸收能力随着生育期的推进日趋降低。因此，若小麦生育后期必须追施肥料时，可采用叶面喷施的方法，这也是小麦生产的一项应急措施。选择何种肥料，要"看地、看长相"，根据具体情况而确定。"看地、看长相"就是根据土壤营养状况、小麦长势、长相而确定追施肥料的种类和数量。

抽穗期到乳熟期，如叶色发黄、脱肥早衰麦田，可喷施2%～3%的尿素溶液。喷施尿素不仅可以增加千粒重，而且还具有提高籽粒蛋白质含量的作用。

没有早衰现象的高产麦田，一般不再追施氮素化肥；有可能贪青晚熟的麦田，不要追施氮素化肥。这两类麦田，可喷施0.3%～0.4%的磷酸二氢钾溶液，据试验，一般可提高千粒重1～3克，增产5%以上，高的可增产15%左右。尿素和磷酸二氢钾的喷施量为每亩50～60千克。喷肥的时间宜选择在无风的下午4时以后，以避免水分过快蒸发，降低肥效。

二、玉米的测土配方施肥技术

（一）玉米需肥量

玉米对氮、磷、钾吸收量受土壤、肥料、气候及种植方式的影响，有较大变化。一般来说，每生产100千克玉米籽粒需要从土壤中吸收氮素（N）2.5～4.0千克，磷（P_2O_5）1.1～1.4千克，钾（K_2O）3.2～5.5千克，其比例为1：0.4：1.3。

玉米一生中吸收的氮最多，钾次之，磷最少。在不同的生育阶段，玉米对氮、磷、钾的吸收是不同的。夏玉米由于生育期短，吸收氮的时间较早，吸收速度较快，苗期吸收量占总量的10%左右，拔节孕穗期吸收量占总量的76%左右，抽穗至成熟期吸收量占总量的14%左右。

夏玉米对磷的吸收也较早，苗期吸收10%左右，拔节孕穗期吸收63%左右，抽穗受精期吸收17%左右，籽粒形成期吸收10%左右。

玉米对钾的吸收是：在抽穗前有70%以上被吸收，抽穗受精时吸收30%。玉米干物质累积与营养水平密切相关，对氮、磷、钾三要素的吸收量都表现出苗期少，拔节期显著增加，孕穗到抽雄期达到最高峰的需肥特点。因此玉米施肥应根据这一特点，尽可能在需肥高峰期之前施肥。

（二）玉米肥料的分配与施用

由于夏玉米播种时农时紧，有许多地方无法给玉米整地和施入基肥，大都采用免耕直接播种，但夏玉米幼苗需要从土壤中吸收大量的养分，所以夏玉米追肥十分重要，追肥时还应考虑追肥量在不同时期的分配，只有选择最佳的施用时期和用量，才会获得最好的增产效果。夏播玉米一般不施有机肥，可利用冬小麦有机肥的后效。夏玉米化肥用量每亩施纯氮12～17千克，五氧化二磷2～5千克，氧化钾6～9千克。

1. 基肥和种肥

基肥和种肥占总量的50%左右，基、种肥在播种时施入，或播种后在播种沟一侧施入。施肥深度一般在5厘米以下，不能离种子太近，防止种子与肥料接触发生烧苗现象。在缺锌土壤上可每亩施硫酸锌1～2千克。

2. 追肥

（1）苗肥。主要是促进发根壮苗，奠定良好的生育基础。苗肥一般在幼苗4～5叶期施用，或结合间（定苗）、中耕除草施用，应早施、轻施或偏施。基肥不足、幼苗生长细弱的应及早追施苗肥，反之，则可不追或少追苗肥。

（2）拔节肥。是指拔节前后7～9叶期的追肥，此时施肥是为了满足拔节期间植株生长快，对营养需要日益增多的要求，达到茎秆粗壮的目的。但又要注意不要营养生长过旺，基部节间过分伸长，易造成倒伏，所以要稳施拔节肥，施肥量一般占追肥量的20%～30%，应注意弱小苗多施，以促进全田平衡生长。

（3）穗肥。是指导雄穗发育至四分体期，正值雌穗进入小花分化期的追肥，这一时期是决定雌穗粒数的关键时期，一般展开叶9～12片，可见叶数14片左右，此时植株叶呈现大喇叭的形状，因此，此次追肥是促进雌穗小花分化，达到穗大、粒多、增产的目的，所以生产上也称攻穗肥。穗肥一般应重施，施肥量占总肥量的60%～80%，并以速效肥为宜，但必须根据具体情况合理运筹拔节肥和穗肥的比重。一般土壤肥力较高、基肥足、苗势较好的，可以稳施拔节肥，重施穗肥；反之，可以重施拔节肥，少施穗肥。

（4）粒肥。粒肥的作用是养根保叶，防止玉米后期脱肥早衰，以延长后期绿叶的功能期，提高粒重，一般在吐丝期追肥。粒肥应轻施、巧施，即根据当时植株的生长状况而定，施肥量约占总追肥量的5%左右，如果穗肥不足，发生脱肥，果穗节以上黄绿，下部叶早枯的，粒肥可适当多施，反之则可少施或不施。

三、大豆的测土配方施肥技术

（一）大豆需肥量

大豆一生分为3个时期，从种子萌发到始花之前为前期，始花至终花为中期，终花至成熟为后期。大豆吸氮高峰在开花盛期，吸磷高峰在开花到结荚期，但幼苗期对磷十分敏感，吸收钾的高峰在结荚期。大豆整个生育期对氮肥的吸收是“少、多、少”，而对磷的吸收是“多、少、多”。因此，必须重视花期供氮，而磷肥以作基肥和种肥为好。大豆施肥要求亩施氮2～5千克，磷5～7.5千克，钾7.5～10千克。

（二）大豆肥料的分配与施用

大豆氮肥可作基肥、种肥或追肥，磷肥以一次作基肥或种肥施用，钾肥多作基肥施用。

1. 基肥和种肥

基肥以农家肥为主，混施磷、钾肥。

种肥在未施基肥或基肥数量较少条件下施用。一般每亩施过磷酸钙10～15千克和硝酸铵3～5千克，或磷酸铵5千克左右。施肥深度8～10厘米，距离种子6～8厘米为好。

2. 追肥

大豆是否追施氮肥，取决于前期的施肥情况。如果基肥种肥均未施而土壤肥力水平又较低时，可在初花期施少量氮肥，一般每亩施尿素4～5千克或硝酸铵5～10千克，追肥时应与大豆植株保持距离10厘米左右。土壤缺磷时在追肥中还应补施磷肥，磷酸铵是大豆理想的氮磷追肥。在土壤肥力水平较高的地块，不要追施氮肥。根外追肥可在盛花期或终花期，多用尿素和钼酸铵。尿素亩施1～2千克，铜酸铵75～100克，加水40～50千克。

3. 补肥

（1）补锌。播种时每亩配施0.5～1千克硫酸锌或用0.2%～0.3%硫酸锌溶液在苗期、初花期叶面喷施。土壤有效硼含量在低于0.5毫克/升时，施硼效果显著。可用0.1%浓度的硼酸或硼砂作根外喷施。

（2）补钼。钼肥可拌种，作种肥或根外深施。拌种：每千克种子用1～2克钼酸铵放入瓷盆加水溶解，其水量以能拌湿种子而又不剩肥液为度，阴干后播种。根外施肥：用0.05%～0.1%钼酸铵，每亩50千克溶液，在苗期至开花前喷施。种肥：每亩10克钼酸铵加水溶解与磷酸钾或农家肥混合作种肥沟施或穴施。

第三章 有机肥替代技术

第一节　有机肥的概念和特点

一、有机肥的概念

有机肥是一切含有大量有机质的肥源的总称，是农村中可就地取材、就地积制的自然肥料。从定义上来看，有机肥可分为“广义的有机肥”和“狭义的有机肥”。

1. 广义的有机肥

广义的有机肥俗称农家肥，由各种动物、植物残体或代谢物组成，如人畜粪便、秸秆、动物残体、屠宰场废弃物等。另外，还包括饼肥（菜籽饼、棉籽饼、豆饼、芝麻饼、蓖麻饼等）、堆肥、沤肥、厩肥、沼气肥、绿肥、泥肥等。主要是以供应有机物质为手段，借此来改善土壤理化性能，促进植物生长及土壤生态系统的物质循环。

2. 狭义的有机肥

狭义上的有机肥专指以各种动物废弃物（包括动物粪便、动物加工废弃物）和植物残体（饼肥类、作物秸秆、落叶、枯枝、草炭等），采用物理、化学、生物或三者兼有的处理技术，经过一定的加工工艺（包括但不限于堆制、高温、厌氧等），消除其中的有害物质（病原菌、病虫卵害、杂草种子等）达到无害化标准而形成的，其主要技术指标符合国家相关标准（NY525—2012）（表3-1）的一类肥料。

表3-1　有机肥料（NY525—2012）主要技术指标

外观	有机质含量	总养分（N，P_2O_5，K_2O）	水分	酸碱度（pH）
褐色或灰褐色，粒状或粉状，均匀，无恶臭，无机械杂质	≥45%	≥5.0%	≤30%	5.5～8.5

二、有机肥的特点

1. 有机肥的优点

（1）提供农作物所需全面营养，保护农作物根茎。有机肥料含有植物所需要的大量营养成分、微量元素、糖类和脂肪。有机肥分解释放的CO_2可作为物光合作用的材料。有机肥还含有氮、磷、钾5%三要素，有机质45%，可为农作物提供全面的营养。同时，不得不提的是有机肥在土壤中分解，能够转化形成的各种腐殖酸是一种高分子物质，具有很好的络合吸附性能，对重金属离子有很好的络合吸附作用，能有效地减轻重金属离子对作物的毒害，并阻止其进入植株中，保护植腐殖酸物质物的根茎。

（2）提高土壤的培肥地力作用。有机肥料中的有机质增加了土壤中的有机质含量，使得土壤黏结度降低，砂性土壤保水保肥性能变强，从而使土壤形成稳定的团粒结构，便可以发挥良好的肥力协调供应能力。用过有机肥，土壤会变得疏松、肥沃。

（3）提高土壤质量，促进土壤微生物繁殖。有机肥料可以使土壤中的微生物大量繁殖，特别是许多有益的微生物，如固氮菌、氨化菌、纤维素分解菌等。这些有益微生物，能分解土壤中的有机物，增加土壤的团粒结构，改善土壤组成。有机肥中的有益微生物还能抑制有害病菌的繁殖，这样就可以做到少打药，如果连续多年施用，还可以有效抑制土壤有害生物，省工、省钱、无污染。同时，有机肥料中有动物消化道分泌的各种活性酶，以及微生物产生的各种酶。这些物质施到土壤后，可大大提高土壤的酶活性。长期持久使用有机肥可以改善土壤的质量。从根本上改善提高土壤的质量，如此就不怕种不出优质的果实。

（4）增强农作物抗病、抗旱、耐涝能力。有机肥含有维生素、抗生素等，可增强农作物抗性，减轻或防止病害发生。有机肥施入土壤后，可增强土壤的蓄水保水能力，在干旱情况下，能增强作物的抗旱能力。同时，有机肥还可使土壤变得疏松，改善作物根系的生态环境，促进根系的生长，增强根系活力，提高作物耐涝能力，减少植物的死亡率，提高农产品的生存率。

（5）减轻环境污染，维持农业生态良性循环。环境污染有机废弃物中大量病菌和卵，如果不及时处理，就会引起病菌传播，导致地下水中氨态、硝态和有机态浓度，地表与地下水富营养化，造成环境质量恶化，严重的会危及到生物的生存。

（6）提高食品的安全性、绿色性。国家早已明文规定：农业生产过程必须限制无机肥料的过量使用，有机肥料才是生产绿色食品的主要肥源。由于有机肥料中各种营养元素比较完全，而且这些物质完全是无毒、无害、无污染的自然物质，这就为生产高产、优质、无污染的绿色食品提供了必须条件。前面说的腐殖酸物质，可以减轻重金属离子对植物的危害，也就相当于减少了重金属对人体的危害。

2. 有机肥的缺点

（1）养分含量低效缓释，难以满足作物旺盛生长时对养分的需求。

（2）有机肥料成分变化大，肥效不一致，施用时不易掌握各种肥料的准确用量，即定量施用存在一定困难。

（3）有机肥施用数量大，操作繁重。有机肥有优点，也存在一些缺点。因此，在施肥过程中，应把有机肥与无机肥搭配合理施用，这样能优势互补，缓急相济，取长补短。

第二节　有机肥的主要来源

有机肥料来源广泛，种类繁多。1990年农业部开展全国有机肥料调查研究，按性质功能和积制方法主要分为粪尿肥、堆沤肥、秸秆肥、绿肥、土杂肥、饼肥、海肥、泥炭、农用城镇废弃物、沼气肥等十大类。

一、粪尿肥

粪尿是人和动物的排泄物，它含有丰富的有机质、氮、磷、钾、钙、镁、硫、铁等作物需要的营养元素，及有机酸、脂肪、蛋白质和其分解物，包括：人粪尿、家禽粪尿、家禽粪及其他动物粪肥等（图3-1）。

图3-1 粪尿肥

1. 人粪尿及使用

人粪尿是人粪和人尿的混合物，分布广、数量大、养分含量较高，而有机物的含量较某些有机肥料较低，碳氮比小、易腐熟。

人粪尿中的有机氮易分解成氨挥发，且随着气温的增高，损失量加大。此外还有很多病菌、寄生虫等不利因素。因此，合理贮存、适当的防病虫害卫生处理是合理利用人粪尿的关键。一般北方采用拌土制成土粪或堆肥的方法积存；南方采用粪尿混存的方法，在粪坑（池）中制成水粪。

人粪尿属速效性肥料，可用作种肥、基肥和追肥。一般作追肥，制成堆肥后多作为基肥。人粪尿、秸秆和土混合堆制的肥料多作基肥；单独贮存的人粪尿对3～5倍的水或加适量化肥追施；作种肥时，宜用鲜尿浸种，浸种时间以2～3时为宜。

人粪尿积存和施用过程中应注意：

①不可用人粪尿晒制粪干；②熟人粪尿不能与草木灰等碱性物质混存；③人粪尿中带有各种传染病菌和寄生虫卵，需经发酵或药剂处理后才能使用；④人粪尿中的盐分和氯离子含量较高，不适宜在忌氯作物上过多施用，会降低块茎、块根中淀粉和糖的含量，影响烟草的燃烧性，不宜在干旱、排水不畅的盐碱土上一次性大量施用。

2. 家畜粪尿及使用

家畜粪尿是猪、牛、羊等的排泄物。含有丰富的有机质和作物所需的营养元素。各种家畜粪尿的成分和性质因家畜种类、大小和饲料的不同存在差异。家畜粪富含氮、磷，其中羊粪中氮、磷含量最多，猪马次之，牛粪较少；家畜尿富含氮、钾，一般呈碱性反应。

（1）猪粪尿的使用。猪粪尿积存过程中，各种成分在微生物的作用下转化成的磷酸或磷酸盐、铵盐或硝酸盐等极易挥发或流失，合理积存是防止养分损失的关键，常见的积存方法如下。

垫圈积存。北方常采用干土或草炭垫圈，南方多以褥草垫圈，但褥草吸收缓慢，肥分损失较大。

圈外积存。将圈内粪肥清扫到圈外紧密堆积，内部保持湿润，外层糊封泥土，即可保肥。

粪池（坑）积存。猪圈与厕所相连，用水将猪粪冲入粪池积存，多见于我国农村。

猪粪积存过程中应注意：①用土作垫料时，粪土比以1：（3～4）为宜；②提倡圈内积肥与圈外积肥相结合，勤起勤垫，既有利于猪的健康，又有利于养分腐解；③草木灰不要倒入圈内，否则引起氨的挥发损失。

猪粪尿适用于各种土壤和作物，有较好改土增产效果，可作基肥、追肥。一般作追肥，追肥量视作物而定，将腐熟的猪粪尿中加3～5倍的水作追肥用，也可考虑作物加入适量的化学氮肥穴施。腐熟的猪粪尿可追肥、基肥。

（2）牛粪尿的使用。牛粪尿的积存通常有圈外集肥、冲圈集肥两种方法。

圈外集肥法。在牛圈（栏）垫以秸秆、青草、泥炭、干土，吸收尿液。定期将粪尿与垫料一起运至圈外地势高的平地上堆积保存。由于牛粪性冷，加上羊粪等热性肥料，促进腐熟。外层抹以7厘米左右厚的泥土，防止养分流失。也可加入过磷酸钙以增磷保氮。

冲圈集肥法。在大型养牛场，每日用水冲粪尿入粪池，制成水肥，或流入沼气池制成发酵肥。

（3）羊粪尿的使用。羊粪尿的积存方法主要有圈内积肥和卧地积肥两种。

圈内积肥。羊群除放牧外，大部分时间都在圈内饲养，为保证羊群健康，提高羊毛质量，要求圈内整洁。用细而干的麦秸、草炭或干细土作垫料，垫料以及羊吃存的各种秸秆、杂草吸收保存尿液。垫圈原则为“勤垫薄扔，湿一块、垫一块”，圈内积存的羊粪尿同垫料一起经过一段时间后取出疏松堆积，短期腐熟后即可施用。

卧地积肥。放牧羊群回圈之前，先把羊群赶至白地集中排泄粪尿，或让羊群在地里过夜，就地排泄粪尿，这种方法叫卧地积肥。卧地处应及时翻耕，减少养分损失。

羊粪尿适用于各种土壤和各种作物，可作基肥和追肥。施用时注意事项同其他家畜粪尿。

3. 家禽粪及使用

家禽粪是鸡粪、鸭粪、鹅粪、鸽粪等家禽粪的总称。禽粪尿为混合排出，不能分存，其养分含量因类别、品种、饮料条件不同存在差异，平均水平较家畜粪尿高，且比例较为均衡。

（1）鸡粪的使用。鸡粪中尿素态的氮易分解，且随着水分的增加，氮素损失较高，而堆腐时易起热，又可造成氮素挥发，属热性肥料。所以鸡粪的积存以干燥存放为宜，鸡粪存放时加适量的过磷酸钙可起到保肥的作用。直接施用鸡粪易招地下害虫，同时其尿素态的氮也不能被作物直接吸收。因此，鸡粪应在施用前沤制。其方法有加土沤制、加秸秆沤制和液肥沤制。

加土沤制。将鸡粪与土按10厘米厚一层鸡粪、7～8厘米厚一层土的间隔堆积于深1米左右的水泥池中，夯实，上层覆盖秸秆或搭棚以防雨、防晒。沤制一个月即可。

加秸秆沤制。将鸡粪与秸秆以1∶4的比例，按高温堆肥的方法层层堆放，上层加7～10厘米厚的干土覆盖。

液肥沤制。将鸡粪与水以1∶9的比例，冲入不漏水并加盖的池中，加入3%～4%的过磷酸钙沤制。

鸡粪适用于各种土壤和作物，不仅能增加产量，也可提高作物品质。因其分解快，宜作追肥，也可与其他厩肥混合作基肥施用。为防止鸡粪中较多的尿酸毒害幼苗，施用量不易超过30 000千克/公顷。

（2）鸭粪的使用。鸭粪养分含量略低于鸡粪。圈养鸭鸭粪的收集方法是，用细干土或碎干草炭垫圈，定期清扫，于阴凉干燥处堆存沤制。稻田放养的鸭，鸭粪直接肥田，另外，鸭还可以啄食稻田中的害虫和水生生物。

（3）鹅粪。鹅主要以青菜、水草为食，粪便中养分含量较其他禽粪少。其使用方法同鸭粪。

（4）鸽粪。鸽主要以粮食为食，饮水少，粪便养分含量较其他禽粪高。鸽粪适用各种作物与土壤，可与其他畜、禽粪尿混合堆沤，作基肥、追肥用。

4. 其他动物粪肥及使用

我国动物资源丰富，除前面提到的人粪尿、家畜粪尿、禽粪外，蚕沙、蚯蚓等也是优良的有机肥料。定期清扫的蚕沙可晒干后贮存于干燥处，为防止氮素损失，贮存时应压紧并加入约蚕沙数量3%的过磷酸钙。蚕沙适用于各种土壤、各种作物，一般与人粪尿一起堆沤发酵，作追肥、基肥用。

二、堆沤肥

堆沤肥包括厩肥、堆肥和沤肥，是农业生产上的重要有机肥源。

（一）厩肥

厩肥是牲畜粪尿与垫料混合堆沤腐解而成的有机肥料。北方称为“圈肥”，南方称为栏肥。同时，因垫圈材料不同，以土为主垫圈的称为“土粪”，以秸秆或青草为主要垫料的称为“草粪”，土粪的肥分低于草粪。

1.厩肥的积制方法

厩肥一般有两种积制方法，即圈内堆沤腐解法，圈外堆沤腐解法。

（1）圈内堆沤腐解法。一般适用于养猪积肥，形式上主要有北方、南方两种。南方农村多采用平地圈形式，圈地与地面平齐，垫料以秸秆、杂草为主，猪粪尿与垫料经猪的踩踏混合、压紧、发酵，当下层肥料呈现半腐熟、腐熟状态后，即可施用于稻田，也可作堆肥的原料。北方农村猪舍构造通常分为一台到坑两部分，台上供猪休息，坑内则是运动、排泄、积粪的场所，坑内分期加入垫料，垫料以干细土为主，秸秆、青草、垃圾为辅。猪粪尿与垫料经猪的踩踏混合、压紧，进行嫌气分解，当下层肥料腐熟时，即可起出，圈外再堆集一定时间，待全部腐熟后捣碎备用。

（2）圈外堆沤腐解法。一般适用于牲畜以及猪栏粪、羊圈粪、兔窝粪的积肥方式。垫料以秸秆、杂草为主，待垫料吸足尿液后及时清出至平地堆沤腐解。堆集方法按堆集的松紧程度分为：疏松堆集、紧密堆集、疏松与紧密交替堆集。

疏松堆集。将粪尿与垫料的混合物层层疏松堆积，堆积高度为1.5～2.0米。堆内肥料在好气条件下分解，肥料腐熟可在短期内完成，但此种方法有机质和氮素损失较大。

紧密堆集。将粪尿与垫料的混合物层层堆积、压紧，为防养分流失，外层用泥土封严，堆积厚度为1.5～2.0米。堆内肥料在嫌气条件下分解，2～4个月可达半腐熟状况，堆集6个月以上可完全腐熟。

疏松与紧密交替堆积。将粪尿与垫料的混合物层层疏松堆积，堆内肥料在好气条件下分解。一般2～3天后，堆内温度可达50～70℃，待温度回落到50℃以下时，踏实压紧，堆内肥料由好气分解转为嫌气分解。堆上继续覆盖新出厩肥，肥堆上部有机质分解依然在好气状况下进行。如此往复至肥料堆至1.5～2.0米的高度时，堆外封泥，1.5～2个月可达半腐熟状态，4～5个月可完全腐熟。

2. 厩肥腐熟特征

厩肥腐熟过程一般经历生粪、半腐熟、腐熟3个阶段。生粪是未分解的粪尿及垫料的混合物；半腐熟是指粪尿及垫料组织变软、霉味散发，粪呈棕色时的状态；腐熟是指粪尿及垫料呈“黑、烂、臭”时的状态。

3. 厩肥的施用

厩肥的腐熟程度决定肥料的性质与养分含量，腐熟程度较差的厩肥可作基肥，宜作追肥和种肥；半腐熟厩肥适用于生长周期较长的作物之播前底肥；完全腐熟的厩肥基本上是速效性的，可作追肥和种肥。相对土壤而言，半腐熟的厩肥深施于沙质土壤上，完全腐熟的厩肥宜施在黏质土壤上。

（二）堆肥

堆肥是利用作物秸秆、落叶、杂草、泥土、垃圾、生活污水及人粪尿、家畜粪尿等各种有机肥和适量的石灰混合堆积腐熟而成的肥料。堆肥材料来源广泛、肥效好，是我国农村普遍积制、施用的有机肥料。

堆肥的基本性质与厩肥相似，属热性肥料。堆肥养分齐全，肥效较为持久。长期施用堆肥可以起到改良土壤的作用。

1. 堆肥的积制方法

积制堆肥有两种方式，即普通堆肥与高温堆肥。

（1）普通堆肥。普通堆肥是在常温条件下通过嫌气分解，积制而成的肥料。该方法有机质分解缓慢，腐熟时间一般需3～4个月。

（2）高温堆肥。高温堆肥是在通气良好、水分适宜、高温（50～70℃）条件下，好热性微生物对纤维素进行强烈的分解，积制而成的肥料。由于好热性微生物的存在，有机质分解加快。

高温堆肥与普通堆肥的不同之处在于：一是高温堆肥法堆制时需设通气塔、通气沟等通气装置，以保堆内适量的空气，从而有利于好气性微生物的活动。而普通堆肥是在嫌气条件下进行分解；二是高温堆肥法在操作过程中必须接种一定量的高温纤维素分解菌，以便堆腐过程中有高温产生，马粪内含有该菌，因此，高温堆肥中常加入适量的马粪。

2. 堆肥的制作条件

堆肥的分解过程是微生物分解有机质的过程，堆肥腐熟的快慢，与微生物的活动密切相关。因此，要加速堆肥腐熟，首先就要控制微生物的活动。堆肥积制过程中，影响微生物的主要因素如下。

（1）水分。堆肥内含水量是控制堆肥成败与否的首要条件，一般含水量为原材料的60%～75%（按湿基计），有利于植株茎秆的软化与菌体的生长、移动，进而使堆肥材料快速、均匀地腐熟。含水量60%～75%的简单测试方法为：紧握堆肥材料时有少量水挤出，即表示含水量适宜。

积制堆肥时，若秸秆吸水困难，应将秸秆先行切断，浸泡后再堆积制。

（2）温度。大部分微生物活动的最适宜温度为50～60℃，积制堆肥时，保持55～65℃的温度约1周时间，促使高温性纤维素分解菌强烈分解有机质后，再维持40～50℃的中温期以促进氨化作用和养分释放。堆肥中温度调节可以通过添减含有较多高温性纤维素分解菌的马粪、水及覆盖厚土等措施来调节。

（3）空气。保持适量的空气，有利于好气微生物的繁殖与活动，促进有机质分解。若通气不良，好气性微生物的繁殖就会受到抑制，堆肥温度不易升高，堆腐迟缓；若通气过旺，好气性微生物繁殖过快，有机质大量分解，腐殖质化系数低、氮素损失大。适宜的通气性可以通过控制材料内的水分、堆积松紧度以及设置通气沟或通气筒等方法调节。

（4）酸碱度。大多数微生物适宜在pH值为6.4～8.1中性至微碱性环境下活动，积制堆肥时，由于微生物分解时产生一定数量的有机酸，致使堆肥内酸性增强。为降低酸度，保持微生物适宜的生长环境，堆制时加入相当秸秆等原材料2%～3%的石灰，降低酸度，同时石灰还能破坏秸秆表层的蜡质，使之易于吸水软化，加速发酵。如有条件，也可以用碱性磷肥代替石灰，效果会更好。

（三）沤肥

沤肥是以作物秸秆、绿肥、青草、草皮、树叶等植物残体为主，混以垃圾、人畜粪尿、泥土等，在常温、淹水的条件下沤制而成的肥料。堆沤肥中有机质在嫌气条件下分解、养分不易挥发，且形成的速效养分多被泥土吸附，不易流失，肥效长而稳。沤肥的制作主要有两种形式，分别为：凼肥和草塘泥。

1. 凼肥

凼肥多含有机物和多种营养成分，以迟效肥料为主。

（1）凼肥的沤制。凼肥的沤制因地点、原料不同，分为家凼和田间凼两种。建凼时保证将凼底及四壁压实，使之不漏水。家凼设于住宅附近。以污水、垃圾、人粪尿、泥土等为沤制原料，原料不断加入，不断沤制，凼深一般0.6～1米；田间凼设在田边地角。根据凼制季节的不同分为春凼、冬凼、夏凼，但沤制方法基本一致。以草皮、秸秆、绿肥、厩肥及人畜粪尿、泥土为原料，加入水或泥浆，保持凼内浅水层，一般凼深0.5米左右，每季翻凼2～3次，翻凼时加入少量的磷肥、人畜粪尿或厩肥，当凼面出现蜂窝眼，水层颜色呈红棕色且有臭味时，凼肥成熟。

（2）凼肥施用。凼肥可作水稻的基肥，每公顷施用量为4.5万～7.5万千克。

2. 草塘泥

草塘泥是用河塘泥、稻草、绿肥、猪粪尿、青草在嫌气条件下沤制而成的。草塘泥沤制过程中形成的速效养分多为河塘泥吸附，不易流失。草塘泥是速效和迟效养分兼备的有机肥料。按照全国有机肥品质分级标准，草塘泥属四级。

（1）草塘泥沤制。草塘泥沤制一般分4个阶段，即罱泥配料、选点挖塘、入塘沤制和翻塘精制4个阶段。

罱泥配料：一般在冬春季节罱取河泥、将长为10～15厘米的碎秸秆（也可用绿肥、青草等）拌入泥中。

入塘沤制：将沤制原料分层、分次移入塘中，混匀踩实。塘满后，保持浅水层沤制。

翻塘精制：为加快腐熟，促进腐熟均匀，入塘沤制30天左右，起出塘内肥料，加入适量的人畜粪尿和绿肥、青草等，再行沤制。

沤制过程中翻塘1～2次。当水层颜色呈红棕色，且有臭味时，草塘泥肥成熟。

（2）草塘泥施用。草塘泥施用方法、施用量与凼肥同。

三、秸秆肥

农作物秸秆是一种优质的有机肥原料，经过化学试剂或微生物发酵剂进行堆沤发酵处理便成为秸秆肥。秸秆肥不仅适用于水田，更适用于旱地，施用之后，不仅有良好的改土培肥效果，而且能显著提高作物产量，改善品质，增加农民收入。秸秆肥可就地取材，制作方法十分方便（图3-2）。

图3-2　秸秆肥

1. 秸秆肥的制作

采用先进的堆肥发酵技术，接种高速高效发酵菌剂，使得秸秆纤维素迅速分解转化，各种病原菌、杂草种子和蛔虫卵等均被杀死，能够生产稳定性较强、养分种类齐全的生物有机肥。与化肥相比，在保证同样产量的情况下，可以减少肥料施用量达三四成，也就是减少投入20～50元/亩。该技术要点如下。

第一步，秸秆处理。首先应将秸秆粉碎到一定的细度，然后添加适量的家畜粪尿或污泥等原料调整堆肥物料的碳氮比和水分，或者添加菌种和酶。

第二步，前发酵。可在露天或发酵装置内进行，通过翻堆式强制通风为堆积层或发酵装置供给氧气，以秸秆为主体，添加畜禽粪便的好氧堆肥的主发酵期为3～10天。

第三步，后发酵。经过主发酵的半成品被送到后发酵工序，将主发酵工序尚未分解的易分解有机物和较难分解的有机物进一步分解，使之变成腐殖酸、氨基酸等稳定的有机物，得到完全成熟的有机肥制品，后发酵时间通常在20～30天以上。

第四步，后处理。可根据需要将其进一步干燥、粉碎，继而加工成作物专用有机-无机复混肥。

第五步，贮藏。堆肥一般在春秋两季使用，在夏冬季就必须积存，贮存方式可直接堆存在发酵池中或袋装，要求干燥而透气。

除了上述秸秆肥的制作外，还可通过秸秆直接还田方式，达到使用秸秆肥的目的。关于秸秆还田在第四章将重点介绍，这里不再繁叙。

2. 秸秆肥的使用

（1）秸秆肥一般用作基肥，可潮湿施用。作追肥应覆土。半腐熟的肥料施用于生长期较长的作物，腐熟度高的秸秆肥施用于生长期较短的瓜果蔬菜等作物，沙性地用半腐熟的肥料，黏土地最好施用腐熟度高的肥料。

（2）秸秆肥中有机质十分丰富，氮、磷、钾养分较为均衡，还含有各种微量元素，是各种作物、各种土壤都适宜的常用肥料，具有提高产品品质、增加产量的显著效果。

四、绿肥

凡以植物的绿色部分耕翻入土壤当作肥料的均称为绿肥。作为肥料而栽培的作物叫绿肥作物（图3–3）。

图3–3　绿肥作物

1. 绿肥的优势

绿肥是中国传统的重要有机肥料之一，发展绿肥有如下好处。

（1）来源广，数量大。绿肥种类多，适应性强，易栽培，农田荒地均可种植；鲜草产量高，一般亩产可达1 000～2 000千克，此外，还有大量的野生绿肥可供采集利用。

（2）质量高，肥效好。绿肥作物有机质丰富，含有氮、磷、钾和多种微量元素等养分，它分解快，肥效迅速，一般含1千克氮素的绿肥，可增产稻谷、小麦9～10千克。

（3）改良土壤，防止水土冲刷。绿肥含有大量有机质，能改善土壤结构，提高土壤的保水保肥和供肥能力；绿肥有茂盛的茎叶覆盖地面，能防止或减少水、土、肥的流失。

（4）投资少，成本低。绿肥只需少量种子和肥料，就地种植，就地施用，节省人工和运输力，比化肥成本低。

（5）综合利用，效益大。绿肥可作饲料喂牲畜，发展畜牧业，而畜粪可肥田，互相促进；绿肥还可作沼气原料，解决部分能源，沼气池肥也是很好的有机肥和液体肥；一些绿肥如紫云英等是很好的蜜源，可以发展养蜂事业。所以，发展绿肥能够促进农业全面发展。

2. 绿肥的种类

我国绿肥资源丰富，生产上应用普遍的品种有500多个。根据分类原则不同，有下列各种类型的绿肥。

（1）按绿肥来源可分为：①栽培绿肥，指人工栽培的绿作物；②野生绿肥，指非人工栽培的野生植物，如杂草、树叶、鲜嫩灌木等。

（2）按植物学科可分为：①豆科绿肥，其根部有根瘤，根瘤菌有固定空气中氮素的作用，如紫云英、苕子、豌豆、豇豆等；②非豆科绿肥，指一切没有根瘤的，本身不能固定空气中氮素的植物，如油菜、茹菜、金光菊等。

（3）按生长季节可分为：①冬季绿肥，指秋冬播种，第二年春夏收割的绿肥，如鼠茅草、紫云英、苕子、茹菜、蚕豆等；②夏季绿肥，指春夏播种，夏秋收割的绿肥，如田菁、柽麻、竹豆、猪屎豆等。

（4）按生长期长短可分为：①一年生或越年生绿肥，如柽麻、竹豆、豇豆、苕子等；②多年生绿肥，如鼠茅草、山毛豆、木豆、银合欢等；③短期绿肥，指生长期很短的绿肥，如绿豆、黄豆等。

（5）按生态环境可分为：①水生绿肥，如水花生、水葫芦、水浮莲和绿萍；②旱生绿肥，指一切旱地栽培的绿肥；③稻底绿肥，指在水稻未收前种下的绿肥，如稻底紫云英、苕子等。

五、土杂肥

土杂肥是我国传统的农家肥料，资源广泛、种类繁多、积制容易、肥效好。按来源分，土杂肥分为各种泥肥、土肥、草木灰、屠宰废弃物等。

1. 泥肥

泥肥是由降水或风等带着表土和有机物汇集到沟、河、坑塘、湖里沉淀并与水生动物的残体及排泄物等腐烂分解融合而成。包括沟泥、塘泥、河泥、坑泥、湖泥等。泥肥富含各种养分，但由于地区和来源的差异，养分含量也不相同，其养分平均含量为有机质4.56%、全氮0.22%、全磷0.13%、全钾1.87%。

泥肥是在长期嫌气条件下形成的，养分分解程度较差，速效养分含量较少；属迟效性肥料，可作基肥、追肥，也可与人粪尿、圈肥、绿肥等配合施用。

2. 土肥

土肥包括熏土、炕土、老墙土和地皮土等。

（1）熏土。用枯枝落叶、秸秆等作燃料，在适宜温度和少氧条件下，将富含有机物质的土块熏制而成，又叫熏肥、火粪、烧土等。熏土pH值一般在7.3左右，其养分平均含量为粗有机质11.6%、全氮0.37%、全磷0.12%、全钾1.20%。熏土可基施或追施，每亩施用量为1 000～1 500千克。

（2）炕土。在我国北方农村的土炕烟道土。炕土的pH值一般在7.3左右，其养分平均含量为粗有机物17.94%、全氮0.50%、全磷0.13%、全钾1.56%。炕土多用作春季追肥，每亩地施用量为1 000千克左右。

（3）老墙土和地皮土。老墙土为拆换下来的各类多年墙土，地皮土指经人、畜踩踏的地皮老土。老墙土和地皮土pH值平均在7.3左右，其养分平均含量为粗有机物2.8%、全氮0.26%、全磷0.12%、全钾1.55%。

3. 草木灰

植物体燃烧后的灰分称为草木灰，是我国农村零星积攒的一种肥源，也是农家肥中一种重要的钾肥。草木灰营养成分复杂，凡植物所含的矿质元素，草木灰中几乎都含有。其中以钾含量最高，一般含量为6%～12%；磷次之，一般含量为

1.5%～3%；不同植物的灰分养分含量也有差异。

草木灰为碱性肥料，其中的养分易随水流失，应贮存在干燥避雨的地方，且不与硫酸铵、硝酸铵等铵态氮肥混存、混用，也不宜与人粪尿、家畜粪尿混存，以免引起铵态氮的损失。草木灰可作基肥、追肥，基施可采用沟施或穴施的方法，一般每亩施用量为50～100千克；作追肥时，可用草木灰浸出液进行根外追施。

4. 屠宰废弃物

屠宰废弃物主要包括兽毛、蹄角、废血、皮渣、废水等，把屠宰废弃物作为肥料合理利用，可起到减少环境污染，改善城乡卫生状况的作用。屠宰废弃物属迟效性肥料，不能直接施用，应经加工腐熟后再作基肥施用。

六、其他类肥

1. 饼肥

饼肥是油料作物籽实榨油后剩下的残渣，也叫油枯，是我国传统的优质农家肥，也是部分牲畜的优质饲料。饼肥的种类很多，主要品种有：大豆饼、油菜籽饼、芝麻饼、花生饼、棉籽饼和葵花籽饼，其次还有蓖麻饼、胡麻饼、桐籽饼、茶籽饼等。各种类型的饼肥中一般富含有机质、氮和相当数量的磷、钾与中、微量元素，其中钾素可被农作物直接吸收利用，而氮、磷分别存在于蛋白质和卵磷脂中，不能直接被利用，但由于饼肥的碳氮比较小，易分解，肥效反较其他有机肥易挥发。

根据饼肥的成分，利用上可分为两大类：一类是营养价值高，可作牲畜的饲料，如大豆饼、芝麻饼、花生饼等，应用上以过腹还田更为经济合理；另一类是含有毒素，如棉籽饼中含有棉酚。菜籽饼、茶籽饼中含有皂素，桐籽饼中含有桐酸和皂素，不宜作饲料，经综合利用后再作肥料，但其中的菜籽饼和棉籽饼含副成分较少，处理后可作饲料。

2. 海肥

海肥是指利用海产物制成的肥料。我国沿海生物种类繁多，海产品加工的废弃物、非食用性的海生动植物，以及矿物性海泥等均可用来制作海肥。按制作材料的种类，海肥一般可分为：动物性海肥、植物性海肥、矿物性海肥三大类，三类海肥中以动物性海肥种类多、数量大、肥效最高。

3. 泥炭

泥炭又叫草炭、草木炭、草煤、泥煤、草筏子等，是古代低湿地带生长的植物残体，在淹水条件下形成相对稳定的松软堆积物，组成成分中有纤维素、半纤维素、沥青、腐殖酸、灰分等。泥炭的施用方法一般有：直接施用、垫圈、堆肥、菌肥载体和腐殖酸原料等。

直接施用：一般选用分解程度较高（30%以上），pH值6.0以上，碳氮比值小，养分含量高的低位泥炭作追肥，每公顷施用量3.75万～7.5万千克。

垫圈：泥炭吸水，吸氨性较强，以分解程度较弱的微酸性泥炭作垫圈材料优于黏土。

堆肥：低位泥炭最适宜制造泥炭堆肥。需要指出的是，高位泥炭酸性较强，不宜直接施用，宜沤制堆肥。堆肥方法同普通堆肥。

菌肥载体：泥炭是细菌肥料的良好载体。先将泥炭风干、粉碎、调整酸碱度、灭菌等处理，即可接种各类菌剂。

制造腐殖酸肥料：泥炭中腐殖酸含量较高，是制造腐殖酸肥料的主要原料。

4. 农用城镇废弃物

随着资源和能源的大规模开发利用，不可避免地带来大量的废弃物（如城市垃圾、污水污泥、粉煤炭以及其他工业废渣等），如果不采取措施消除、净化、利用，将会污染环境，影响人畜健康。因此，应了解城镇废弃物的成分、性质，以及它们对环境污染的原因并采取相应的防治措施，变废为宝，为农业生产提供有用的肥料资源。

5. 沼气肥

沼气肥是将作物秸秆与人畜粪尿，在密闭的嫌气条件下，发酵制取沼气后，沤制而成的一种有机肥料，是一种缓速兼备的优质有机肥料。它不仅能解决农村能源问题，也是增加肥料、提高肥料质量的重要途径，而且是驱除粪臭、消灭蚊蝇等虫害的有效措施，对改善农村环境卫生条件，促进生态农业建设起到重要作用（图3-4）。

图3-4　沼气肥

第三节　有机肥替代的方法

在现代农业生产中，有机肥料的施用不仅直接关系到土壤质量、农作物的产量和品质、水体和大气环境质量，而且它还是种植业与养殖业之间的重要纽带，对促进农田生态系统和生物圈中的物质循环与能量转化也有重要作用。有机肥种类繁杂，性质各异，为了充分发挥有机肥的正向作用而尽量减少其负面影响，必须对各种有机肥的特性、在土壤中的转化过程及其对土壤、环境质量和农作物的影响有较清晰的了解，从而制定科学的施用规范。

一、合理的比例

有机替代是用有机肥部分替代化肥，而不是全量替代，有机无机要有合理的比例。化肥在粮食供给和农产品数量保障上作出了重大贡献，特别是我国人多耕地少，粮食安全和农产品供应是政府的头等大事，是列入政府专项考核的，粮食安全实行书记负责制，“菜篮子”实行市长负责制。合理利用化肥，使我国的粮食产量从中华人民共和国成立前的100千克/亩多提升到500千克/亩多，部分高产田达到了1 000千克/亩，有效地解决了吃粮问题，也使我国从粮食缺口国逐步实现自给自足。在目前的情况下，粮食产量虽然实现了“十一连增”，但粮食安全仍然是政府所关注的，放松不得。粮食作物在生长过程中需求的养分较多，单靠施用有机肥是不能满足作物生长需要的，也不能实现产量的最大化，同时由于土壤养分的不及时补充，容易产生土壤的贫瘠，不利于农业的可持续发展。为满足作物生长、实现农业的可持续发展，肥料的有机、无机养分投入必须要有一个适宜的比例，用有机肥部分替代化肥，一方面实现化肥的减量，另一方面确保农产品的有效供给和农业的可持续发展，一般有机、无机的比例以6：4或5：5比较适宜。

二、施用的数量和方法

有机肥要科学、合理施用，掌握量和方法，不是盲目、无限量地投入。有机肥不是没有污染，过量施用有机肥造成的污染不比化肥少，有机肥的污染是多方面的，包括氮、磷养分，抗生素、重金属和病原菌。据田间的观察，通过大量使用商品有机肥，土壤的次生盐渍化、表层富营养化等土壤障碍越来越严重。另外，对土壤的重金属也有累积效应。

作物秸秆是很好的有机肥，但如果不合理地还田，将严重影响下季作物的生长。因为秸秆主要是纤维素，含碳量较高，作物秸秆还田后进行腐解要有适宜的C/N比，若C/N高，秸秆分解中要夺取施入的氮肥或土壤中的氮肥，导致作物缺氮而生长不良，因此为满足作物生长，还得适当增加氮肥的用量。秸秆在淹水条件下腐解将释放大量的有机酸，导致作物有机酸中毒，严重影响根系生长，因此要适当控干，提高土壤的供氧量，加大有机酸分解，减轻有机酸危害。

绿肥是一种养分完全的生物肥源，但其鲜叶生物量大，还田时的成本高，同时还田时还要给予下茬作物种植留有足够的绿肥腐熟时间。只有在腐熟较完全的情况下，开始种植下茬作物，才能不影响下茬作物的生长。作物布局时间紧，没有足够的腐熟时间，在鲜叶还田时应采取一些田间管理措施，如增加氮、磷肥，促进绿肥腐熟；种植作物后，适时干干湿湿，增加土壤的氧气，改善土壤环境，减轻有机酸等还原性物质的危害。

考虑化肥减量水平及有机肥当季利用率前提下，计算有机肥的投入量。要根据生产需要及化肥减量的要求，来确定有机肥的投入量。一般化肥减量以减少氮肥施用为主，在土壤磷、钾供应水平较高的情况下，也可考虑磷、钾的减量，以确保作物产量与前三年持平的前提下，一般当季的减肥水平以15%～20%为宜。如减肥水平太高，可能影响作物产量，达不到稳产的要求，化肥减量的意义就没有了，化肥减量不能以减产为代价。有机肥的当季利用率一般在30%左右，因此，在折算有机肥养分时，不能算入有机肥的全部养分，只有当季能利用的养分才能替代化肥。

三、有机肥施用的注意事项

在施用上应特别注意以下几点。

（1）有机肥所含养分较全面，但并不平衡，不能完全满足各种作物对养分的不同需求。有机肥料所含养分种类较多，与养分单一的化肥相比是优点，但是它的养分含量低，也存在供应不平衡问题，不能满足作物高产、优质、增收的需要。在施用有机肥时应根据作物对养分的要求配施化肥，做到平衡施肥，即使生产绿色食品的农田也要配施矿物肥料，并在作物生长期间根据实际情况喷施各种叶面肥，确保作物正常生长发育。

（2）有机肥肥效迟缓。有机肥不仅总养分含量较低，而且肥效迟缓，在有机肥施用量不是很大的情况下，很难满足农作物对营养元素的需要。因此，要利用化肥养分含量高，肥效迅速的优点，将有机肥与化肥配合施用，缓急相济，取长补短，发挥混合优势，满足农作物生长发育过程中对各种营养元素在数量和时间上的需求。

（3）有机肥需经过发酵处理。许多有机肥料带有病菌、虫卵和杂草种子，有些有机肥料中含有不利于作物生长的有机化合物，所以均应经过堆沤发酵、加工处理后才能施用，生粪不能下地。

（4）有机肥原料之间存在着组成、性质上的差异，施入土壤后，对土壤、作物的作用也存在差异。因此，应根据种植土壤的质地、气候以及种植作物的生长习性、需肥特性，选择合适的有机肥料进行合理施肥。例如，人粪尿中含有大量的氯离子，对忌氯作物应避免施用。

（5）施用有机肥并不是越多越好。有机肥体积大，含养分低，需大量施用才能满足作物的生长需求，但并不是越多越好。因为有机肥料与化学肥料一样，在农业生产中也存在计量施用的问题。如果有机肥的用量太多，不仅是一种浪费，而且也可造成土壤障碍，影响作物生长发育。如在保护地栽培中，若长期大量施用有机肥，也可导致土壤营养元素过剩，土壤盐渍化，从而引起农产品生长不良，硝酸盐含量超标，品质下降等问题。因此，生产中有机肥的施用量应根据土壤中各种养分及有机质的消耗情况合理使用，做到配方施肥、科学施肥。

（6）有机肥施用方法要得当。有机肥应采用开沟条施或挖坑穴施，进行集中施肥，施后及时覆土；若采用撒施，施后应翻入土壤。一般将有机肥与化肥混合施用，效果更佳。如过磷酸钙与有机肥拌施，能大大提高肥效。

（7）腐熟的有机肥不宜与碱性肥料混用，若与碱性肥料混合，会造成氨的挥发，降低有机肥肥效。

第四节　主要作物的有机肥替代技术

一、苹果有机肥替代化肥技术

（一）“有机肥+配方肥”模式

1. 秋季施肥

牛粪、羊粪、猪粪等经过充分腐熟的农家肥亩用量4～8米^3，或商品有机肥料每亩用量1 000千克左右，或豆粕、豆饼类每亩用量300～400千克，或商品生物有机肥每亩用量400～500千克。同时施入苹果配方肥，渤海湾产区建议配方为45%（18-13-14或相近配方），每1 000千克产量用15千克左右；黄土高原产区建议配方为45%（20-15-10或相近配方），每1 000千克产量用25千克左右。农家肥或商品有机肥或豆粕或生物有机肥用量再增加20%～100%，配方肥用量减少10%～50%。另外，每亩施入硅钙镁肥50千克左右、硼肥1千克左右、锌肥2千克左右。

秋施基肥最适时间在9月中旬到10月中旬，即早中熟品种采收后，对于晚熟品种如富士，最好在采收前，确因实际操作困难，建议在采收后马上施肥，越快越好。采用条沟法或穴施，施肥深度在30～40厘米。

2. 第一次膨果肥

果实套袋前后，渤海湾产区建议配方为45%（22-5-18或相近配方），每1 000千克产量用12.5千克左右。黄土高原产区建议配方为45%（15-15-15或相近配方），每1 000千克产量用15千克左右。采用放射沟法或穴施，施肥深度在15～20厘米。

3. 第二次膨果肥

7—8月，渤海湾产区建议配方为45%（12-6-27或相近配方），每1 000千克产量用12千克左右。黄土高原产区建议配方为45%（15-5-25或相近配方），每1 000千克产量用10千克左右。采用放射沟法或穴施，施肥深度在15～20厘米。宜采取少量多次法，施肥次数2～3次。

（二）“果-沼-畜”模式

1. 沼渣沼液发酵

根据沼气发酵技术要求，对畜禽粪便进行腐熟和无害化处理，后经干湿分离，分沼渣和沼液施用。

2. 秋季施肥

沼渣每亩施用3 000～5 000千克、沼液50～100米^3。苹果专用配方肥选用高氮中磷低钾型，每1 000千克产量用20～25千克。另外每亩施入硅钙镁肥50千克左右、硼肥1千克左右、锌肥2千克左右。秋施基肥最适时间在9月中旬到10月中旬，即中熟品种采收后。对于晚熟品种如富士，建议在采收后马上施肥，越快越好。采用条沟（或环沟）法施肥，施肥深度在30～40厘米，先将配方肥撒入沟中，然后将沼渣施入，沼液可直接施入或结合灌溉施入。

3. 第一次膨果肥

果实套袋前后，施用氮磷钾平衡配方复合肥，每1 000千克产量用15千克左右。采用条沟法施肥，施肥深度在15～20厘米，同时结合灌溉追入沼渣沼液30～40米^3。

4. 第二次膨果肥

7—8月，施用中氮低磷高钾配方复合肥，每1 000千克产量用10千克左右。采用条沟法施肥，施肥深度在15～20厘米，同时结合灌溉追入沼渣沼液20～30米^3，采用少量多次法，每隔15天灌溉施入一次，共3～5次。

（三）“有机肥+覆草+配方肥”模式

1. 苹果园覆草

覆草前要先整好树盘，浇一遍水，施一次速效氮肥。覆草厚度以常年保持在15～20厘米为宜。覆盖材料因地制宜，作物秸秆、杂草、花生壳、腐熟牛粪等均可采用。覆草适用于山丘地、沙土地，土层薄的地块效果尤其明显，黏土地覆草由于易使果园土壤积水、引起旺长或烂根，不宜采用。另外，树干周围20厘米左右不覆草，以防积水影响根颈透气。冬季较冷地区深秋覆一次草，可保护根系安全越冬。覆草果园要注意防火。风大地区可零星在草上压土、石块、木棒等防止草被大风吹走。

2. 秋施有机肥

牛粪、羊粪、猪粪等经过充分腐熟的农家肥亩用量4～8米^3，或商品有机肥每亩用量1 000千克左右，或豆粕、豆饼类每亩用量300～400千克，或生物有机肥每亩用量400～500

千克。同时施入平衡型苹果配方肥，每1 000千克产量用15千克左右。另外，每亩施入硅钙镁肥50千克左右、硼肥1千克左右、锌肥2千克左右。秋施基肥最适时间在9月中旬到10月中旬，即中熟品种采收后。对于晚熟品种如富士，建议在采收后马上施肥，越快越好。采用条沟法或穴施，施肥深度在30～40厘米。

3. 第一次膨果肥

果实套袋前后，施用高氮中磷平衡高钾配方复合肥，每1 000千克产量用10千克左右。采用条沟法施肥，施肥深度在15～20厘米。

4. 第二次膨果肥

7—8月，施用低氮高钾配方复合肥，每1 000千克产量用10千克左右。采用条沟法施肥，施肥深度在15～20厘米。宜采取少量多次法，施肥次数3～5次。

二、柑橘有机肥替代化肥技术

（一）“有机肥+配方肥”模式

1. 秋冬季施肥

目标产量为每亩2 000～3 000千克的柑橘园，每亩施用商品有机肥（含生物有机肥）300～500千克，或牛粪、羊粪、猪粪等经过充分腐熟的农家肥2～4米^3；同时配合施用45%（14-16-15或相近配方）配方肥30～35千克。于9月下旬到11月下旬施用（中熟品种采收后施用，晚熟或越冬品种在果实转色期或套袋前后施用），采用条沟或穴施，施肥深度20～30厘米或结合深耕施用。

2. 春季施肥

2月下旬至3月下旬施用。建议选用45%（20-13-12或相近配方）的高氮中磷中钾型配方肥，每亩用量35～45千克；施肥方法采用条沟、穴施，施肥深度10～20厘米。注意补充硼肥。

3. 夏季施肥

通常在6—8月，果实膨大期分次施用。建议选择45%（18-5-22或相近配方）配方肥，每亩施用量40～50千克。施肥方法采用条沟、穴施或对水浇施，施肥深度在10～20厘米。

（二）"自然生草+绿肥"模式

1. 柑橘园生草栽培

柑橘园在秋季播种豆科绿肥，于9—10月，采用行间带状种植，一般在距离树基0.5～1米以外种植绿肥，于翌年春天3月刈割翻压后作为肥料。5—7月，自然生草，当草或绿肥生长到30厘米左右或季节性干旱来临前适时刈割后覆盖在行间和树干周围，起到保水、降温、改土培肥等作用。

2. 春季施肥

3月在绿肥翻压的同时配合施用配方肥。建议选用高氮中磷中钾型配方肥45%（20-13-12或相近配方），每亩施用28～35千克；施肥方法采用条沟、穴施，施肥深度10～20厘米。注意补充硼肥。

3. 夏季施肥

通常在6—8月，果实膨大期分次施用。建议选择45%

（18-5-22或相近配方）配方肥，每亩施用40～50千克。施肥方法采用条沟、穴施或对水浇施，施肥深度在10～20厘米。

4. 秋冬季施肥

每亩施用商品有机肥（含生物有机肥）300～500千克，或牛粪、羊粪、猪粪等经过充分腐熟的农家肥2～4米^3；同时配合施用45%（14-16-15或相近配方）配方肥30～35千克。于9月下旬至11月下旬施用，采用条沟或穴施，施肥深度在20～30厘米，或结合深耕施用。

三、设施蔬菜有机肥替代化肥技术

（一）“有机肥+配方肥”模式

1. 设施番茄

（1）基肥。移栽前，每亩基施猪粪、鸡粪、牛粪等经过充分腐熟的农家肥每亩5～8米^3，或施用商品有机肥（含生物有机肥）400～800千克，同时根据有机肥用量，基施45%（18-18-9或相近配方）的配方肥30～40千克。

（2）追肥。每次每亩追施45%（15-5-25或相近配方）的配方肥7～10千克，分7～11次随水追施。施肥时期为苗期、初花期、坐果期、果实膨大期，根据收获情况，每收获1～2次追施1次肥。

2. 设施黄瓜

（1）基肥。移栽前，每亩基施猪粪、鸡粪、牛粪等经过充分腐熟的农家肥7～10米^3，或施用商品有机肥（含生物有机肥）400～800千克，同时根据有机肥用量，基施45%（18-18-9或相近配方）的配方肥30～40千克。

（2）追肥。每次每亩追施45%（17-5-23或相近配方）的配方肥10～15千克。追肥时期为三叶期、初瓜期、盛瓜期，初花期以控为主，盛瓜期根据收获情况每收获1～2次追施1次肥。秋冬茬和冬春茬共分7～9次追肥，越冬长茬共分10～14次追肥。每次每亩追肥控制纯氮用量不超过4千克。

（二）"菜-沼-畜"模式

1. 沼渣、沼液发酵

将畜禽粪便、蔬菜残茬和秸秆等物料投入沼气发酵池中，按1∶10的比例加水稀释，再加入复合微生物菌剂，对畜禽粪便、蔬菜残茬和秸秆等进行无害化处理生产沼气，充分发酵后的沼渣、沼液直接作为有机肥施用在设施菜田中。

2. 设施番茄

（1）基肥。每亩施用沼渣5～8米^3，或用猪粪、鸡粪、牛粪等经过充分腐熟的农家肥5～8米^3，或施用商品有机肥（含生物有机肥）400～800千克，同时，根据有机肥用量基施45%（14-16-15或相近配方）的配方肥30～40千克。

（2）追肥。在番茄苗期、初花期，结合灌溉分别冲施沼液每亩3～4米^3；在坐果期和果实膨大期，结合灌溉将沼液和配方肥分5～8次追施。其中沼液每次每亩追施3～4米^3，45%（15-5-25或相近配方）的配方肥每次每亩施用8～10千克。

3. 设施黄瓜

（1）基肥。每亩施用沼渣6～8米^3，或用猪粪、鸡粪、牛粪等经过充分腐熟的农家肥4～8米^3，或施用商品有机肥（含生物有机肥）400～800千克，同时，根据有机肥用量基施45%（14-16-15或相近配方）的配方肥30～40千克。

（2）追肥。在黄瓜的苗期、初花期，结合灌溉分别冲施沼液每亩3～4米^3。在初瓜期和盛瓜期，结合灌溉将沼液和配方肥分8～12次追施。其中每次每亩追施沼液3～4米^3、45%（17-5-23或相近配方）的配方肥8～12千克。

（三）"秸秆生物反应堆"模式

1. 秸秆生物反应堆构建

（1）操作时间。晚秋、冬季、早春建行下内置反应堆，如果不受茬口限制，最好在作物定植前10～20天做好，浇水、打孔待用。晚春和早秋可现建现用。

（2）行下内置式反应堆。在小行（定植行）位置，挖一条略宽于小行宽度（一般70厘米）、深20厘米的沟，把秸秆填入沟内，铺匀、踏实，填放秸秆高度为30厘米，两端让部分秸秆露出地面（以利于往沟里通氧气），然后把150～200千克饼肥和用麦麸拌好的菌种均匀地撒在秸秆上，再用铁锨轻拍一遍，让部分菌种漏入下层，覆土18～20厘米。然后在大行内浇大水湿透秸秆，水面高度达到垄高的3/4。浇水3～4天后，在垄上用14#钢筋打3行孔，行距20～25厘米，孔距20厘米，孔深以穿透秸秆层为准，等待定植。

（3）行间内置式反应堆。在大行间，挖一条略窄于小行宽度（一般50～60厘米）、深15厘米的沟，将土培放垄背上，或放两头，把提前准备好的秸秆填入沟内，铺匀、踏实，高度为25厘米，南北两端让部分秸秆露出地面，然后把用麦麸拌好的菌种均匀地撒在秸秆上，再用铁锨轻拍一遍，让部分菌种漏入下层，覆土10厘米。浇水湿透秸秆，然后及时打孔即可。

（4）注意事项。一是秸秆用量要和菌种用量搭配好，每500千克秸秆用菌种1千克；二是浇水时不要冲施化学农药，特别要禁冲杀菌剂，但作物上可喷农药预防病虫害；三是浇水浇大管理行，浇水后4～5天要及时打孔，用14#钢筋每隔25厘米打一个孔，要打到秸秆底部，浇水后孔被堵死要再打孔，地膜上也要打孔。每次打孔要与前次打的孔错位10厘米，生长期内保持每月打一次孔；四是减少浇水次数，一般常规栽培浇2～3次水的，用该项技术只浇一次水即可。有条件的，用微灌控水增产效果最好。在第一次浇水湿透秸秆的情况下，定植时不要再浇大水，只浇小缓苗水。

2. 施肥建议

（1）设施番茄。

基肥采用配方为35%（8-18-9或相近配方）的配方肥，用量每亩40千克，施用方式为穴施。

追肥采用45%（15-5-25或相近配方）的配方肥，每次每亩施用10～20千克，分7～11次随水追施。施肥时期为苗期、初花期、初果期、盛果期，根据收获情况，每收获1～2次追施1次肥，结果期每次追施氮肥（N）不超过每亩4千克。

（2）设施黄瓜。

基肥采用配方为35%（8-18-9或相近配方）的配方肥，用量为每亩40千克，施用方式为穴施。

追肥配方为45%（17-5-23或相近的配方），每次每亩施用15～20千克，初花期以控为主，秋冬茬和冬春茬分7～9次追肥，越冬长茬分10～14次追肥。每次追施氮肥数量不超过每亩4千克。追肥时期为三叶期、初瓜期、盛瓜期，盛瓜期根据收获情况每收获1～2次追施1次肥。

第四章 秸秆还田技术

第一节　秸秆直接还田方式

秸秆直接还田是指将作物秸秆直接施入土壤中或覆盖于农田表面的秸秆还田方式。

一、秸秆覆盖还田

秸秆覆盖还田按秸秆形式分为：碎秸秆覆盖还田和根茬覆盖还田两种。

1. 碎秸秆覆盖还田技术要点

（1）合理确定割茬高度。从免耕播种角度考虑，只要免耕播种机能够顺利通过，对割茬高度没有特殊要求即可。但是冬春季节风大，秸秆容易被吹走的地方，可以考虑适当留高茬，以挡住秸秆，不被风吹走。

（2）注重秸秆粉碎质量。要正确选择拖拉机或联合收割机的前进速度，使玉米秸秆粉碎长度控制在10厘米左右，小麦或水稻秸秆粉碎长度5厘米左右，长度合格的碎秸秆达到90%以上。播种时过长的秸秆容易堵塞播种机以及架空种子，使种子不能接触土壤而影响出苗。若发现漏切或长秸秆过多，秸秆还田机应进行二次作业，确保还田质量。

（3）秸秆铺撒均匀。不能有的地方秸秆成堆、成条，有的地方又没有秸秆，这起不到覆盖作用。多数秸秆还田机或联合收割机安装的切碎器都能均匀地抛撒秸秆。如果发现成堆或成条的秸秆，可以用人工撒开，必要时用圆盘耙作业把秸秆分布均匀。

（4）保证免耕播种质量。应根据秸秆覆盖状况，选择秸秆覆盖防堵性能适宜的少免耕播种机。如果秸秆覆盖量大，可选用驱动防堵型少免耕播种机。

2. 根茬覆盖还田技术要点

（1）合理确定根茬高度。根茬高度不仅关乎还田秸秆的数量，而且影响覆盖效果，即保水保土、保护环境的效果。根茬太低还田秸秆量不够，覆盖效果差；根茬太高则又可能影响播种质量以及用于其他方面（如饲料、燃料）的秸秆不足。小麦20～30厘米、玉米30～40厘米高的根茬覆盖比较合适，能够控制大部分水土流失。

（2）保证免耕播种质量。在仅有小麦（莜麦、大豆）根茬覆盖情况下，少免耕播种质量相对容易保证。玉米根茬坚硬粗大，容易造成开沟器堵塞或拖堆，这种情况下，可采用对行作业方式，错开玉米根茬，或者采用动力切茬型免耕播种机进行作业。

3. 秸秆覆盖还田注意事项

（1）注意防火。在作物收获后到完成播种前的长时间里，地面都有秸秆覆盖，有时秸秆可能相当干燥，很容易引起火灾，所以防火十分重要。禁止人们在田间用火、乱丢烟头，特别防范小孩在田间玩火。

（2）注意人身安全。由于秸秆还田机上有多组转速很高（每分钟1 000多转）的刀片或锤片去切碎秸秆，如果刀片松动或者破碎甩出来，安全防护罩又不完整，就可能危及人身安全。因此，操作者必须有合法的拖拉机驾驶资格，要认真阅读产品说明书，掌握秸秆还田机操作规程、使用特点后方可操作。

作业前：要对地面及作物情况进行调查，平整地头的垄沟（避免万向节损坏），清除田间大石块（损坏刀片及伤人）；要检查秸秆还田机技术状态，刀片固定是否牢固，防护罩是否完整，可将动力与机具挂接、接合动力输出轴，慢速转动1～2分钟，检查刀片是否松动，是否有异常响声，与罩壳是否有刮蹭。调整秸秆还田机，保持机器左右水平和前后水平。

作业中：①起步前，将还田机提升到一定的高度，一般15～20厘米，由慢到快转动。注意机组四周是否有人，确认无人时，发出起步信号。挂上工作挡，缓缓松开离合器，操纵拖拉机或小麦联合收割机调节手柄，使还田机在前进中逐步降到所要求的留茬高度，然后加足油门，开始正常作业。②及时清理缠草。清除缠草或排除故障必须停机进行，严禁拆除传动带防护罩。作业中有异常响声时，应停车检查，排除故障后方可继续作业，严禁在机具运转情况下检查机具。③作业时严禁带负荷转弯或倒退，严禁靠近或跟踪，以免抛出的杂物伤人。④转移地块时，必须停止刀轴旋转。

作业后：及时清除刀片护罩内壁和侧板内壁上的泥土层，以防加大负荷和加剧刀片磨损。刀片磨损必须更换时，要注意保持刀轴的平衡。个别更换时要尽量对称更换，大量更换时要将刀片按重量分级，同一重量的刀片才可装在同一根轴上，保持机具动平衡。

（3）注意协调秸秆还田与他用的关系。秸秆还田和离田并不对立。如果秸秆离田确有其他重要用途，可在田间保留适宜高度的根茬覆盖。

二、秸秆翻埋还田

秸秆翻埋还田按秸秆形式可分为：碎秸秆翻埋还田，整秸秆翻埋还田和根茬翻埋还田三种。

1. 碎秸秆翻埋还田技术要点

秸秆粉碎可以利用秸秆粉碎机或者安装有秸秆粉碎装置的联合收获机完成。不管采用哪种方式粉碎，都要保证秸秆粉碎质量，而且抛撒均匀。

（1）还田时间选择。在不影响粮食产量的情况下及时收获，趁作物秸秆青绿时及早还田，耕翻入土。此时作物秸秆中水分、糖分高，易于粉碎和腐解，迅速变为有机质肥料。若秸秆干枯时才还田，粉碎效果差，腐殖分解慢；秸秆在腐烂过程中与农作物争抢水分，不利于作物生长。

（2）割茬高度确定。秸秆还田机的留茬高度靠调整刀片（锤片）与地面的间隙来实现，留茬太高影响翻埋效果，留茬太低容易损毁刀片，一般保留5～10厘米。小麦联合收割机的割茬高度通过调整收割台高度来控制，割茬高度影响收割速度，有的机手为了进度快把麦茬留得很高，这是不符合要求的。留茬高度既要考虑收割速度，也要考虑翻埋质量，一般取10～20厘米为适。

（3）注重秸秆粉碎质量。机手要正确选择拖拉机或联合收割机的前进速度，使玉米秸秆粉碎长度在10厘米左右，小麦或水稻秸秆粉碎长度5厘米左右，长度合格的碎秸秆达到90%。若发现漏切或长秸秆过多，应进行二次秸秆粉碎作业，确保还田质量。

（4）秸秆铺撒均匀。不能有的地方秸秆成堆成条，有的地方又没有秸秆。如果发现秸秆成堆或成条，应进行人工分撒，必要时还需要用圆盘耙作业把秸秆耙匀，以保证翻埋质量。

（5）保证翻埋质量。犁耕深度应在22厘米以上，耕深不够将造成秸秆覆盖不严，还要通过翻、压、盖，消除因秸秆造成的土壤"棚架"，以免影响播种质量。土壤翻耕后需要经过整地，使地表平整、土壤细碎，必要时还需进行镇压，达到播种要求。整地多用旋耕机、圆盘耙、镇压器等进行，深度一般为10厘米左右，过深时土壤中的秸秆翻出较多，过浅时达不到平整和碎土效果。

（6）保证混埋质量。旋耕机混埋的作业深度应在15～20厘米，通过切、混、埋把秸秆进一步切碎并与土壤充分混合，埋入土中。旋耕一遍效果达不到要求，地表还有较多秸秆时，应二次旋耕。旋耕后一般可以直接播种，不需要再进行整地作业。

2. 整秆翻埋还田技术要点

（1）秸秆要顺垄铺放整齐。为了保证翻埋质量，玉米秸秆长度方向必须与犁耕方向一致，铺放均匀。

（2）提高翻埋质量。犁耕深度要在30厘米以上，通过翻、压、盖，把秸秆盖严盖实，消除因秸秆造成的土壤棚架。耕作太浅时，作物秸秆覆盖不严，影响播种质量。

（3）保证整地质量。土壤深耕后需要经过整地才能达到播种要求，整地多用旋耕机、圆盘耙、镇压器等进行，其深度一般为10～12厘米，过深时土壤中的秸秆翻出的较多，过浅时达不到平整和碎土效果。为避免土壤中秸秆棚架，一般应采用V形镇压器等进行专门的镇压作业。

3. 根茬翻埋还田技术要点

（1）合理确定根茬高度。根茬还田往往用在需要秸秆作为饲料、燃料或原料的地区，在这些地区，秸秆还田与其他用途经常出现矛盾，应协调好秸秆还田与其他用途的关系。饲料、燃料或原料是需要的，而且有直接经济效益。但是，应该认识到秸秆还田并不是可有可无，而是必需的，农业要持续发展，必须要有一定数量的秸秆还田补充土壤有机质。根茬还田并不是一种理想的做法，而是一种协调的结果。有的地区，在进行秸秆做“三料”、根茬还回地里时，把根茬留得很低，甚至紧贴地表收割，结果根本起不到还田的作用。把一部分秸秆回到地里，短期看少了些用料，但长远看，土地肥沃了、生态环境好了，产量更高，秸秆更多，用料才能够充裕。从还田的需要出发，一般小麦秸秆留茬不得低于20厘米，玉米不得低于30厘米。秸秆还田机和联合收割机控制根茬高度的方法与碎秸秆翻埋还田相同。

（2）保证翻埋质量。犁耕深度要在22厘米以上，通过翻、压、盖，把秸秆盖严盖实，消除因秸秆造成的土壤棚架。土壤翻耕后需要经过整地，使地表平整、土壤细碎，必要时还需进行镇压，达到播种要求。整地多用旋耕机、圆盘耙、镇压器等进行，其深度一般为10厘米左右。

（3）保证混埋质量。旋耕机混埋的作业深度应在15厘米以上，通过切、混、翻转把秸秆与土壤充分混合，埋入土中。玉米根茬比较坚硬，有些地方先用缺口圆盘耙耙一遍，再进行旋耕，效果较好。旋耕后可以直接播种，一般不需要再整地。

4. 秸秆翻埋还田注意事项

（1）注意人身安全。秸秆还田机上有多组转速很高（每分钟1 000多转）的刀片或锤片，如果刀片松动或者破碎甩出来，安全防护罩又不完整，就可能危及人身安全。因此，操作者必须有合法的拖拉机驾驶资格，要认真阅读产品说明书，了解秸秆还田机操作规程、使用特点、注意事项后方可操作。

（2）作业前。要对地面及作物情况进行调查，平整地头的垄沟（避免万向节损坏），清除田间大石块（损坏刀片及伤人）；要检查秸秆还田机技术状态，刀片固定是否牢固，防护罩是否完整，可将动力与机具挂接、接合动力输出轴，慢速转动1～2分钟，检查刀片是否松动，是否有异常响声，与罩壳是否有剐蹭；调整秸秆还田机，保持机器左右水平和前后水平。

（3）作业中。起步前，将还田机提升到一定的高度，一般15～20厘米，由慢到快转动。注意机组四周是否有人，确认无人时，发出起步信号，挂上工作挡，缓缓松开离合器，操纵拖拉机或联合收割机调节手柄，使机器在前进中逐步降到所要求的留茬高度，然后加足油门，开始正常作业。及时清理缠草，清除缠草或排除故障必须停机进行。作业中有异常响声时，应停车检查，排除故障后方可继续作业。严禁在机具运转情况下检查机具。作业时严禁带负荷转弯或倒退，严禁靠近或跟踪机器，以免抛出的杂物伤人。转移地块时，必须停止刀轴旋转。

（4）作业后。及时清除刀片护罩内壁和侧板内壁上的泥土层，以防增大负荷和加剧刀片磨损。刀片磨损必须更换时，要注意保持刀轴的平衡。个别更换时要尽量对称更换，大量更换时要将刀片按重量分级，同一重量的刀片才可装在同一根轴上，保持机具动平衡。

（5）秸秆还田是否多施氮肥的问题。秸秆腐解过程中要消耗氮素，然而腐解后又会释放氮素。因此，如土壤较肥，或已经施用氮素化肥，可不必再增施氮肥。但如土壤比较贫瘠，开始实施秸秆还田的头1～2年，增施适量氮肥，加快秸秆腐解，防止与后茬作物争肥的矛盾，还是比较有效的。

（6）旋耕混埋作业早进行。用旋耕混埋还田作业需要在播种前一周进行，使土壤有回实的时间，提高播种质量。水田区的稻秆或麦秆要用水泡田，将秸秆和土壤泡软，再进行混埋。

第二节　秸秆间接还田方式

秸秆间接还田技术是一种传统的积肥方式，将农作物秸秆堆腐沤制，或经畜禽过腹后的粪尿，或经培育食用菌、经沼气池气化等后形成的废渣作为肥料的还田方式。

一、秸秆腐熟还田

秸秆腐熟还田技术是指在秸秆中加入动物粪尿、微生物菌剂、化学调理剂等物质后，经人工堆积发酵成有机肥料的一种还田技术，具有改良土壤、培肥地力、保护环境等良好作用，是利用废弃农作物秸秆的有效措施。

该利用模式适用于降水量较丰富、积温较高的地区，种植制度为早稻-晚稻、小麦-水稻、油菜-水稻的农作地区。具体操作方法：在油菜收割后，将秸秆均匀地铺在田里，然后把秸秆腐熟剂按1包/亩的量均匀地撒在秸秆表面，腐熟剂按说明书推荐量使用。每亩再加20千克尿素，灌水、浸泡4～5天，然后深翻耕，即可移栽水稻秧苗。该利用模式的优点是可增加土壤有益微生物的种群数量和秸秆腐解需要的各种酶类，缩短秸秆腐熟时间；还能增加土壤养分，改良土壤结构，提高化肥利用率。缺点是不适用于缺水的山垄田和旱地。

二、堆沤发酵还田

堆沤发酵还田是将农作物秸秆制成堆肥、沤肥等，经发酵后施入土壤。其技术要点：在农作物成熟收获后，随清地将农作物秸秆就近运到田地边或废弃地；堆制场地四周起土40厘米以上，堆底压平、拍实，防止跑水；每100千克秸秆加入尿素2千克，生物菌剂0.8千克，或加入50千克的人畜粪尿；将秸秆按同方向堆砌，一般宽1.5～2.0米，高1.0～1.2米，长度不限；堆积50厘米时浇足水，使秸秆含水量达到65%～68%，料面撒适量尿素和生物菌剂，再堆砌秸秆50厘米，按同样方法撒尿素和生物菌剂，一般堆3～4层为宜，最后用黄泥封严；经高温堆沤发酵，可使秸秆腐熟时间提早18～20天。经堆沤后再均匀地施入农田。

该利用模式的优点是将秸秆与人畜粪尿等有机物质经过堆沤腐熟，不仅产生大量腐殖质，而且产生多种可以供农作物吸收利用的营养物质，如有效态氮、磷、钾等，可生产高品质的商品有机肥；同时，通过高温堆沤发酵，能杀死大部分秸秆本身带有的病菌，有效防止植物病害的蔓延。缺点是操作过程相对烦琐，人工投入较多。

三、过腹还田

过腹还田是利用秸秆饲喂牛、猪、羊等牲畜，经消化吸收变成粪、尿，以粪尿施入土壤还田。但是，这些生粪不能直接用作肥料，必须经过微生物分解，也就是腐熟处理。常用的腐熟方法是高温堆肥：将粪便取出，集中堆积在平坦的场地上。堆起的高度一般1.5～2米为好。在堆放过程中不要踩实，应有足够的通气空间，有助于微生物活动。堆好后，通常2～3个月肥料就腐熟好了。如果不急于使用，最好将肥料再翻打一次，使其内外腐熟一致。如有条件，可用塑料布将腐熟的肥料盖起来，以防雨水的渗入而影响肥料的质量。腐熟后的粪便会和以前有明显的差别，从颜色上看，腐熟的粪便要比生粪颜色更深；从气味上没有了圈肥难闻的臭味，而且不招苍蝇；从性状上看，生粪比较粗糙，而腐熟好的看上去更加松软，呈粉末状。粪便经过高温沤制，变成了养分均衡的有机肥。但有机肥养分含量低，肥效长，通常是作为底肥施用，有改良土壤性质的作用。

四、菇渣还田

利用作物秸秆培育食用菌，然后再经菇渣还田，经济、社会、生态效益几者兼得。在蘑菇栽培中，以111米^{2}计算，培养料需优质麦草900千克、优质水稻秸秆900千克，菇棚盖草又需600千克，育菇结束后，与施用等量的化肥相比，一般可增产稻麦10.2%～12.5%，增产皮棉10%～20%，不仅节省了成本，同时对减少化肥污染，保护农田生态环境也有积极的意义。

五、沼渣还田

秸秆发酵后产生的沼渣、沼液是优质的有机肥料，其养分丰富，腐殖酸含量高，肥效缓速兼备，是生产无公害农产品、有机食品的良好选择。一般8～10米^{3}的沼气池年产沼肥20米^3。连年沼渣还田的试验表明，土壤容重下降，孔隙度增加，土壤的理化性状得到改善，保水保肥能力增强；同时，土壤中有机质含量提高0.2%，全氮含量提高0.02%，全磷含量提高0.03%，平均产量提高10%～12.8%。

第三节　主要农作物的秸秆还田技术

一、小麦机械化秸秆切碎还田技术

小麦机械化秸秆切碎还田技术使用的主要机具设备：稻麦联合收割机、小麦割晒机、小麦脱粒机、各种型号机引秸秆粉碎机，XFP系列和4LFJQ型秸秆粉碎机（配联合收割机）、夏玉米免耕播种机、喷雾机（器）、各种深耕犁。

机械化小麦秸秆粉碎还田工艺路线：联合收获-麦秸切

碎–免耕播种夏玉米–喷施除草剂。

机械化秸秆还田的技术规范：第一步，联合收割。用联合收割机收麦，麦茬高度不大于25厘米。第二步，切碎。使用联合收割机自带的秸秆切碎装置或与联合收割机配套的4LFJQ型、XFP系列茎秆粉碎机、铁牛–55轮式拖拉机配带秸秆粉碎机粉碎秸秆，麦秸切碎长度不大于15厘米，铺撒均匀。第三步，免耕播种。由小四轮拖拉机牵引的3BM–3型、2BTY–型或电铁牛–55拖拉机牵引的2BQ M–6A型免耕播种机，贴茬（穴）播玉米。播深2.5～4.5厘米，种肥施于种子一侧，侧于种子3～5厘米，深于种子3～5厘米，覆土镇压严实，种子破碎率不大于55%，单双粒率不小于70%，株距差值不大于穴距的10%，空穴率小于0.5%，田间无漏播，地头无重播。第四步，喷施除草剂。使用喷雾器喷除草剂，一般为亩施用40%除物抗津75克对水60～80千克喷洒。不能过浓不能有重喷，防止药害。

二、机械化玉米根茬粉碎还田技术

机械化根茬粉碎还田技术是将作物割去秸秆后剩余根茬，用机械粉碎后混于耕层土壤中的一项机械化技术。

1. 玉米根茬还田前的准备

一是地块准备，将割后的秸秆运出地块，测定玉米行距和垄高，并观察地块中有无影响机械作业的障碍物，如有要清除。二是选择适合玉米根茬行距的根茬还田机，要保证拖拉机轮胎走在垄沟上，工作幅要有足够的宽度，确保根茬都能粉碎还田。三是调整不合要求的各个部件。四是进行根茬粉碎还田的质量检查，检查根茬粉碎的长短、抛撒在地上的均匀情况、行走速度是否合适等与作业质量有关的因素，不合适的应调整到合适为止。

2. 玉米根茬还田机的技术规格

玉米根茬还田机要符合农艺要求，农艺也要为机具作业创造适当的条件。以1GQN180D型灭茬机为例，其主要技术规格为：机器重量：4 300千克；作业速度：1～4千米/时；耕幅：180厘米；生产率：3～5亩/时；配套动力：38千瓦（50马力）拖拉机；耕深：14～20厘米。

3. 玉米根茬还田技术要求

一是选择还田时间。玉米根茬还田作业期可在秋季也可在春季。玉米根茬还田要选择根茬含水率在30%时为宜，粉碎后长度在5厘米以下，站立漏切的根茬不超过0.5%，碎土率达到93.8%。二是根茬粉碎还田后，要及时追施底肥，除施粪肥外，一定要撒施20～50千克氮肥。三是撒肥后要及时进行深翻，将粉碎后的根茬尽量埋入地下。四是为防止还田地种子架空，影响出苗，要进行全面耙压，以保证墒情，促进下茬种子发芽和根茬的腐烂。

三、油菜、水稻秸秆还田腐熟剂使用技术

油菜、水稻是我国南方地区种植的主要农作物，其秸秆在适宜的营养、温度、湿度、通气量和pH条件下，通过秸秆腐熟菌剂的作用，可分解，及时还田后，可有效地解决富余秸秆焚烧问题，增加土壤养分，减少化肥施用量，减少面源污染，保护生态环境。

1. 油菜秸秆还田栽培中稻技术

（1）油菜秸秆堆沤还田模式。每1 000千克油菜秸秆用腐秆剂2千克、人畜粪100～200千克（可用尿素6～8千克或碳酸氢铵20千克代替）。将要处理的油菜秸秆垫上一层薄膜，分层码上，层高30厘米，在每层喷施拌匀的腐秆剂、人畜粪（尿素或碳酸氢铵），喷（撒）施后再加盖细泥压实。这样重复码放2～3层，堆高60～90厘米，长2米，宽1米，再盖土覆黑色塑料薄膜。堆沤湿度以60%左右为准（用手捏，以手湿并见水挤出为适度），秸秆过干要先浸湿。堆沤时混入5%～10%的生泥，效果更佳。堆沤期间翻堆1～2次（如发现水分不足，应加水调节），可加速腐熟，施用过程中保持温度20～50℃。

（2）油菜秸秆机械粉碎还田模式。将要处理的油菜秸秆机械粉碎后平铺田里，按每亩撒入腐秆剂2千克、尿素2～8千克或者碳酸氢铵20千克，灌水泡田5～7天，达到软化油菜秸秆的目的，而后翻耕移栽中稻。

中稻田播种、移栽、施药、除草等技术按常规进行，在肥料施用上钾肥可少施10%～20%。选择水源方便的田块进行。

2. 中稻秸秆还田栽培油菜技术

机械收割时将稻秆打碎，亩施尿素5千克、腐秆剂2千克，抢墒翻耕，使中稻秸秆充分腐熟（尿素可与腐秆剂混合后同时施入田间），而后播种或移栽油菜。油菜栽培参照当地常规技术。

3. 早稻秸秆还田栽培晚稻技术

早稻收割后打碎，将秸秆腐熟剂每亩2千克和底肥（适量增施氮肥）同时撒施在稻秸上，立即灌水泡田3～5天后用旋耕机整田，将稻秸全部翻压还田，翻压深度15厘米，整好地后再插晚稻。晚稻栽培参照当地常规技术。

4. 中（晚）稻秸秆高留桩还田技术

高留桩秸秆直接还田，就是在作物机械收割时，选留高桩40～60厘米，采用机械化旋耕，将秸秆压入泥土内，技术环节上把握以下几点。

（1）高留稻桩，施用秸秆腐熟剂和氮肥。稻桩以留40～60厘米为宜，同时每亩施用秸秆腐熟剂2千克和尿素3～5千克，拌匀后撒施。如种植后茬作物（油菜、小麦）应同时增施底肥，底肥以施配方肥为主，亩施40%配方肥30千克左右。

（2）灌水保湿，确保腐熟效果。稻田以灌跑马水为宜，保证田间湿润。

（3）旋耕翻压，将秸秆全部翻入土中。采用旋耕将秸秆全部翻压在泥土中，以不露稻桩为宜。

（4）严禁带病菌（如水稻白叶枯病）水稻秸秆直接还田，防止病害的蔓延。

5. 稻田秸秆沤制还田技术

可采用大坑沤肥和高温造肥相结合的方法，即在稻田附近，靠近水渠边，挖长2.0米、宽1.5米、深1.5米坑，沤制水稻秸秆。为了加快腐熟速度，每1 000千克干草用秸秆腐熟剂2千克加尿素5千克，加水100千克溶解后喷施。具体沤制方法是：首先将干草浸透水，然后将浸透水的干草在坑内堆放，每层20厘米厚，每层喷施秸秆腐熟剂加尿素混合液，堆好后，用农膜密闭并用泥土封严，腐熟后在下季作物上施用。

第五章
水肥一体化技术

第一节 水肥一体化概述

一、水肥一体化技术的概念

水肥一体化技术是指在水肥的供给过程中，最有效地实现水肥的同步供给，充分发挥两者的相互作用，在给作物提供水分的同时最大限度地发挥肥料的作用，实现水肥的同步供应。

从广义上来说，水肥一体化技术就是水肥同时供应以满足作物生长发育需要，根系在吸收水分的同时吸收养分。从狭义上来说，水肥一体化技术就是把肥料溶解在灌溉水中，由灌溉管道输送给田间每一株作物，以满足作物生长发育的需要，如通过喷灌及滴灌管道施肥。

二、水肥一体化技术的优点

1. 节省劳动力

传统的沟灌、施肥费工费时，非常麻烦。水肥一体化技术是管网供水，操作方便，便于自动控制，减少了人工开沟、撒肥等过程，因而可明显节省劳动力；灌溉是局部灌溉，大部分地表保持干燥，减少了杂草的生长，也就减少了用于除草的劳动力；由于水肥一体化可减少病虫害的发生，减少了用于防治病虫害、喷药等劳动力；水肥一体化技术实现了种地无沟、无渠、无埂，大大减轻了水利建设的工程量。

2. 节水效果明显

水肥一体化技术可减少水分的下渗和蒸发，提高水分利用率。传统的灌溉方式，水分利用系数只有0.45左右，灌溉用水的一半以上流失或浪费了，而喷灌水的利用系数约为0.75，滴灌的水利用系数可达0.95。在露天条件下，微灌施肥与大水漫灌相比，节水率达50%左右。保护地栽培条件下，滴灌施肥与畦灌施肥相比，每亩大棚一季节水80～120米^3，节水率为30%～40%。

3. 节肥增效显著

利用水肥一体化技术可以方便地控制灌溉时间、肥料用量、养分浓度和营养元素间的比例，实现了平衡施肥和集中施肥。与手工施肥相比，水肥一体化的肥料用量是可量化的，作物需要多少施多少，同时将肥料直接施于作物根部，既加快了作物吸收养分的速度，又减少了挥发、淋湿所造成的养分损失。水肥一体化技术具有施肥简便、施肥均匀、供肥及时、作物易于吸收、提高肥料利用率等优点。在作物产量相近或相同的情况下，水肥一体化技术与传统施肥技术相比可节省化肥40%～50%。

4. 减轻病虫害

水肥一体化技术有效地减少了灌水量和水分蒸发，降低了土壤湿度和空气湿度，抑制了病菌、害虫的产生、繁殖和传播，在很大程度上减少了病虫害的发生，因此，也减少了农药的投入和防治病害的劳动力投入，与传统施肥技术相比利用水肥一体化技术每亩农药用量可减少15%～30%。

5. 改善微生态环境

采用水肥一体化技术除了可明显降低大棚内空气湿度和棚内温度外，还可以增强微生物活性，滴灌施肥与常规畦灌施肥技术相比地温可提高2.7℃。有利于增强土壤微生物活性，促进作物对养分的吸收；有利于改善土壤物理性质，滴灌施肥克服了因灌溉造成的土壤板结，土壤容重降低，孔隙度增加，有效地调控土壤根系的水渍化、盐渍化、土传病害等障碍。

6. 减少对环境的污染

水肥一体化技术严格控制灌溉用水量及化肥施用量，防止化肥和农药淋洗到深层土壤，造成土壤和地下水的污染，同时可将硝酸盐产生的农业面源污染降到最低程度。此外，利用水肥一体化技术可以在土层薄、贫瘠、含有惰性介质的土壤上种植作物并获得最大的增产潜力，能够有效地利用开发丘陵地、山地、砂石、轻度盐碱地等边缘土地。

7. 增加产量、改善品质，提高经济效益

水肥一体化技术适时、适量地供给作物不同生育期生长所需的养分和水分，明显改善作物的生长环境条件，因此，可促进作物增产，提高农产品的外观品质和营养品质；应用水肥一体化技术种植的作物，生长整齐一致，具有定植后生长恢复快、提早收获、收获期长、丰产优质、对环境气象变化适应性强等优点；通过水肥的控制可以根据市场需求提早供应市场或延长供应市场。

三、水肥一体化技术的缺点

1. 工程造价高

与地面灌溉相比，滴灌一次性投资和运行费用相对较高，其投资与作物种植密度和自动化程度有关，作物种植密度越大投资就越大，反之越小。使用自动控制设备会明显增加资金的投入，但是可降低运行管理费用，减少劳动力的成本，选用时可根据实际情况而定。

2. 技术要求高

水肥一体化对农民来说是一项新技术，涉及田间工程设计，设备选择、购买、安装、使用、维护及肥料选择等一系列问题，由于缺乏系统的培训，许多农户知之不多，担心无法掌握和正确使用，影响了农民使用水肥一体化技术的积极性。

3. 灌水器容易堵塞

灌水器的堵塞是当前水肥一体化技术应用中最主要的问题，也是目前必须解决的关键问题。引起堵塞的原因有化学因素、物理因素，有时生物因素也会引起堵塞。如磷酸盐类化肥，在适宜的pH条件下容易发生化学反应产生沉淀；对pH值超过7.5的硬水，钙或镁会停留在过滤器中；当碳酸钙的饱和指标大于0.5且硬度大于300毫克/升时，也存在堵塞的危险；在南方一些井水灌溉的地方，水中的铁质诱发的铁细菌也会堵塞滴头；藻类植物、浮游动物也是堵塞物的来源，严重时会使整个系统无法正常工作，甚至报废。因此，灌溉时水质要求较严，一般均应经过过滤，必要时还需经过沉淀和化学处理。用于灌溉系统的肥料应详细了解其溶解度等物理、化学性质，对不同类型的肥料应有选择地施用。在系统安装、检修过程中，若采取的方法不当，管道屑、锯末或其他杂质都可能会从不同途径进入管网系统引起堵塞。对于这种堵塞，首先要加强管理，在安装、检修后应及时用清水冲洗管网系统，同时要加强过滤设备的维护。

4. 容易引起盐分积累

当在含盐量高的土壤上进行滴灌或是利用咸水灌溉时，盐分会积累在湿润区的边缘，如遇到小雨，这些盐分可能会被冲到作物根区域而引起盐害，这时应继续进行灌溉，但在雨量充沛的地区，雨水可以淋洗盐分。在没有充分冲洗条件下的地方或是秋季无充足降雨的地方，则不要在高含盐量的土壤上进行灌溉或利用咸水灌溉。

5. 可能限制根系的发展

由于灌溉施肥技术只湿润部分土壤，加之作物的根系有向水性，这样就会引起作物根系集中向湿润区生长。对于多年生作物来说，滴头位置附近根系密度增加，而非湿润区根系因得不到充足的水分供应其生长会受到一定程度的影响，尤其是在干旱、半干旱的地区，根系的分布与滴头有着密切的联系，在没有灌溉就没有农业的地区，如我国西北干旱地区，应用灌溉时，应正确地布置灌水器。对于果树来说，少灌、勤灌的灌水方式会导致树木根系分布变浅，在风力较大的地区可能产生拔根危害。

第二节 水肥一体化技术实施流程

一、信息采集与规划

（一）采集相关信息

1. 项目实施单位的信息采集

水肥一体化设施建设单位在构建方案时要与项目实施单位充分沟通，了解实施单位计划栽培的作物品种以及种植面积、种植形式和管理模式；这些信息关系到管网布局和灌溉方案的确定，不同的经营模式，其生产管理方式不同，水肥灌溉设计要根据栽培管理模式并结合设计原则来确定，这样才能做到水肥一体化设施投资经济实惠，使用便捷又高效。

另外，要根据实施单位的投资意向、投资人文化素质来确定方案。针对科技示范型的，因其注重的是科技示范推广作用，应体现技术的先进性和领先性，方案要考虑应用推广效果和“门面”效应。这类设计要讲究设备布局的美观，细节的把握，设计的科学性，严格按照国家和行业的标准进行设计规划，做到合理规范。针对农场经营模式，以增产型为主要目标的，设计上要体现大农业的效益，做到统一管理，方便操作，设备使用寿命长，后续维护费用低，设备使用技术简单实用，受配药和肥料浓度等技术性因素影响小，使用者容易接受，而且要求能安全生产。针对省工型的，因其种植面积不大，10～20亩不等，投资者自己是主要劳动力，这种设计要简单化、尽可能降低成本，设备操作简单，性能稳定，划分轮灌区的原则是，1～2天之内完成施肥就可以。

2. 田间数据采集

田间现场电源是决定水肥首部设备选型的必备条件，因此要了解动力资料，包括现有的动力、电力及水利机械设备情况（如电动机、柴油机、变压器）、电网供电情况、动力设备价格、电费和柴油价格等。要了解当地目前拥有的动力及机械设备的数量、规格和使用情况，了解输变电路线和变压器数量、容量及现有动力装机容量等。了解气候、水源条件。当地气候情况、降水量等因素决定水源的供应量，因此要详细了解当地的气候状况，包括年降水量及分配情况，多年平均蒸发量、月蒸发量、平均气温、最高气温、最低气温、湿度、风速、风向、无霜期、日照时间、平均积温、冻土层深度等。对微灌系统的水质要进行分析，以了解水质的泥沙、污物、水生物、含盐量、悬浮物情况和pH值大小，以便采取相应的措施。另外，要了解水源与田间的距离，考虑是否分级供应，以及管道的口径设计。

3. 土壤地形资料

在规划之前要收集项目区的地质资料，包括土壤类型及容重、土层厚度、土壤pH、田间持水量、饱和含水量、永久凋萎系数、渗透系数、土壤结构及肥力（有机质含量及肥力指标）等情况，地下水埋深和矿化度。对于盐碱地还包括土壤盐分组成、含盐量、盐渍化以及盐碱地情况。

充分了解项目区的地形特点很重要，要掌握项目区的经纬度、海拔高度、自然地理特征等基本资料，绘制总体灌区图、地形图，图上应标明灌区内水源、电源、动力、道路等主要工程的地理位置。

4. 田间测量

田间测量是设计的重要环节，测量数据要尽量准确详细。要标清项目实施区的边界线，道路、沟渠布局，田间水沟宽、路宽都要测量，大棚设施要编号，标明朝向、间隔。

另外，还要收集项目区的种植作物种类、品种、栽培模式、种植比例、株行距、种植方向、日最大耗水量、生长期、耕作层深度、轮作倒茬计划、种植面积、种植分布图、原有的高产农业技术措施、产量及灌溉制度等。

（二）绘制田间布局图

依照田间测量的参数，综合上述用户意愿，选择合适的水肥一体化设施类型，绘制田间布局图和管网布局图。根据灌水器流量和每路管网的长度，计算建立水力损失表，分配干管、主管、支管的管径，结合水泵的功率等参数，确定并分好轮灌区，在图上对管道和节点等编号，对应编号数值列表备查。最后配置灌溉首部设备和施肥设备。

（三）造价预算

综合上述结果，列出各部件清单，根据市场价格给出造价预算单。把预算结果提供给用户，通过双方实际情况再进行优化修改，定稿。一般来说，单位面积越大，每亩工程造价就越大；面积越小，每亩造价就越低。主要原因是管网的长度和管径影响了造价。

二、设备安装与调试

（一）开沟挖槽及回填

1. 开挖沟槽

铺设管网的第一步是开沟挖槽，一般沟宽0.4米、深0.6米左右，呈U形，挖沟要平直，深浅一致，转弯处以90°和135°处理。沟的坡面呈倒梯形，上宽下窄，防止泥土坍塌导致重复工作。在适合机械施工的较大场地，可以用机械施工，在田间需要人工作业。

开挖沟槽时，沟底设计标高上下0.3米的原状土应予保留，禁止扰动，铺管前用人工清理，但一般不宜挖于沟底设计标高以下，如局部超挖，需用沙土或合乎要求的原土填补并分层夯实，要求最后形成的沟槽底部平整、密实、无坚硬物质。

（1）当槽底为岩石时，应铲除到设计标高以下不小于0.15米，挖深部分用细沙或细土回填密实，厚度不小于0.15米；当原土为盐类时，应铺垫细沙或细土。

（2）当槽底土质极差时，可将管沟挖得深一些，然后在挖深的管底用沙填平、用水淹没后再将水吸掉（水淹法），使管底具有足够的支撑力。

（3）凡可能引起管道不均匀沉降地段，其地基应进行处理，并可采取其他防沉降措施。

开挖沟槽时，如遇有管线、电缆时应加以保护，并及时向相关单位报告，及时解决处理，以防发生事故造成损失。开挖沟槽土层要坚实，如遇松散的回填土、腐殖土或石块等，应进行处理，散土应挖出，重新回填，回填厚度不超过20厘米时进行碾压，腐殖土应挖出换填砂砾料，并碾压夯实，如遇石块，应清理出现场，换填土质较好的土回填。在开挖沟槽过程中，应对沟槽底部高程及中线随时测控，以防超挖或偏位。

2. 回填

在管道安装与铺设完毕后回填，回填的时间宜在一昼夜中气温最低的时刻，管道两侧及管顶以上0.5米内的回填土，不得含有碎石、砖块、冻土块及其他杂硬物体。回填土应分层夯实，一次回填高度宜0.1～0.15米，先用细沙或细土回填管道两侧，人工夯实后再回填第二层，直至回填到管顶以上0.5米处，沟槽的支撑应在保证施工安全情况下，按回填依次拆除，拆除竖板后，应以沙土填实缝隙。在管道或试压前，管顶以上回填土高度不宜小于0.5米，管道接头处0.2米范围内不可回填，以便观察试压时事故情况。管道试压合格后的大面积回填，宜在管道内充满水的情况下进行。管道铺设后不宜长时间处于空管状态，管顶0.5米以上部分的回填土内允许有少量直径不大于0.1米的石块。采用机械回填时，要从管的两侧同时回填，机械不得在管道上方行驶。规范操作能使地下管道更加安全耐用。

（二）PVC管道安装

与PVC管道配套的是PVC管件，管道和管件之间用专用胶水粘接，这种胶水能把PVC管材、管件表面溶解成胶状，在连接后物质相互渗透，72时后即可连成一体。所以，在涂胶的时候应注意胶水用量，不能太多，过多的胶水会沉积在管道底部，把管壁部分溶解变软，降低管道应力，在遇到水锤等极端压力的时候，此处最容易破裂，导致维修成本增高，还影响农业生产。

1. 截管

施工前按设计图纸的管径和现场核准的长度（注意扣除管、配件的长度）进行截管。截管工具选用割刀、细齿锯或专用断管机具；截口端面平整并垂直于管轴线（可沿管道圆周作垂直管轴标记再截管）；去掉截口处的毛刺和毛边并磨（刮）倒角（可选用中号砂纸、板锉或角磨机），倒角坡度宜为15°～20°，倒角长度约为1.0毫米（小口径）或2～4毫米（中、大口径）。

管材和管件在黏合前应用棉纱或干布将承、插口处粘接表面擦拭干净，使其保持清洁，确保无尘沙与水迹。当表面沾有油污时需用棉纱或干布蘸丙酮等清洁剂将其擦净。棉纱或干布不得带有油腻及污垢。当表面黏附物难以擦净时，可用细砂纸打磨。

2. 粘接

（1）试插及标线。粘接前应进行试插以确保承、插口配合情况符合要求，并根据管件实测承口深度在管端表面划出插入深度标记（粘接时需插入深度即承口深度），对中、大口径管道尤其需注意。

（2）涂胶。涂抹胶水时需先涂承口，后涂插口（管径≥90毫米的管道承、插面应同时涂刷），重复2～3次，宜先环向涂刷再轴向涂刷，胶水涂刷承口时由里向外，插口涂刷应为管端至插入深度标记位置，刷胶纵向长度要比待粘接的管件内孔深度稍短些，胶水涂抹应迅速、均匀、适量，粘接时保持粘接面湿润且软化。涂胶时应使用鬃刷或尼龙刷，刷宽应为管径的1/3～1/2，并宜用带盖的敞口容器盛装，随用随开。

（3）连接及固化。承、插口涂抹溶接剂后应立即找正方向将管端插入承口并用力挤压，使管端插入至预先划出的插入深度标记处（即插至承口底部），并保证承、插接口的直度；同时需保持必要的施力时间（管径<63毫米的为30～60秒，管径≥63毫米的为1～3分钟）以防止接品滑脱。当插至1/2承口再往里插时宜稍加转动，但不应超过90°，不应插到底部后进行旋转。

（4）清理。承、插口粘接后应将挤出的溶接剂擦净。粘接后，固化时间2时，至少72时后才可以通水。管道粘接不宜在湿度很大的环境下进行，操作场所应远离火源，防止撞击和避免阳光直射，在温度低于-5℃环境中不宜进行，当环境温度为低温或高温时需采取相应措施。

（三）PE管道安装

PE管道采用热熔方式连接，有对接式热熔和承插式热熔，一般大口径管道（DN100以上）都用对接热熔连接，有专用的热熔机，具体可根据机器使用说明进行操作。DN80以下均可以用承插方式热熔连接，优点是热熔机轻便，可以手持移动、缺点是操作需要2人以上，承插后，管道热熔口容易过热缩小，影响过水。

1. 准备工作

管道连接前，应对管材和管件现场进行外观检查，符合要求方可使用。主要检查项目包括外表面质量、配件质量、材质的一致性等。管材管件的材质一致性直接影响连接后的质量。在寒冷气候（-5℃以下）和大风环境条件下进行连接时，应采取保护措施或调整连接工艺。管道连接时管端应洁净，每次收工时管口应临时封堵，防止杂物进入管内。热熔连接前后，连接工具回执面上的污物应用洁净棉布擦净。

2. 承插连接方法

此方法将管材表面和管件内表面同时无旋转地插入熔接器的模头中回执数秒，然后迅速撤去熔接器，把已加热的管子快速地垂直插入管件，保压、冷却、连接。连接流程：检查—切管—清理接头部位及划线—加热—撤熔接器—找正—管件套入管子并校正—保压、冷却。

（1）要求管子外径大于管件内径，以保证熔接后形成合适的凸缘。

（2）加热：将管材外表面和管件内表面同时无旋转地插入熔接器的模头中回执数秒，加热温度为260℃。

（3）插接：管材管件加热到规定的时间后，迅速从熔接器的模头中拔出并撤去熔接器，快速找正方向，将管件套入管段至划线位置，套入过程中若发现歪斜应及时校正。

（4）保压、冷却：冷却过程中，不得移动管材或管件，完全冷却后才可进行下一个接头的连接操作。

热熔承插连接应符合下列规定：热熔承插连接管材的连接端应切割垂直，并应用洁净棉布擦净管材和管件连接面上的污物，标出插入深度，刮除其表皮；承插连接前，应校直两对应的待连接件，使其在同一轴线上；插口外表面和承口内表面应用热熔承插连接工具加热；加热完毕，连接件应迅速脱离承接连接工具，并应用均匀外力插至标记深度，使待连接件连接结实。

3. 热熔对接连接

热熔对接连接是将与管轴线垂直的两管子对应端面与

加热板接触使之加热熔化，撤去回热板后，迅速将熔化端压紧，并保证压至接头冷却，从而连接管子。这种连接方式无需管件，连接时必须使用对接焊机。热熔对接连接一般分为5个阶段：预热阶段、吸热阶段、加热板取出阶段、对接阶段、冷却阶段。加热温度和各个阶段所需要的压力及时间应符合热熔连接机具生产厂管材、管件生产厂的规定。连接程序：装夹管子—铣削连接面—回执端面—撤加热板—对接—保压、冷却。

（1）将待连接的两管子分别装夹在对接焊机的两侧夹具上，管子端面应伸出夹具20～30毫米，并调整两管子使其在同一轴线上，管口错边不宜大于管壁厚度的10%。

（2）用专用铣刀同时铣削两端面，使其与管轴线垂直，待两连接面相吻合后，铣削后用刷子、棉布等工具清除管子内外的碎屑及污物。

（3）当回执板的温度达到设定温度后，将加热板插入两端面间同时加热熔化两端面，加热温度和加热时间按对接工具生产厂或管材生产厂的规定，加热完毕快速撤出加热板，接着操纵对接焊机使其中一根管子移动至两端面完全接触并形成均匀凸缘，保持适当压力直到连接部位冷却到室温为止。

热熔对接焊接时，要求管材或管件应具有相同熔融指数。另外，采用不同厂家的管件时，必须选择与之相匹配的焊机才能取得最佳的焊接效果。热熔连接保压、冷却时间，应符合热熔连接工具生产厂和管件、管材生产厂规定，保证冷却期间不得移动连接件或在连接件上施加外力。

（四）滴灌设备安装与调试

作物的生物学特征各异，栽培的株距、行距也不一样，为了达到灌溉均匀的目的，所要求滴灌带滴孔距离、规格、孔洞一样。通常滴孔距离15厘米、20厘米、30厘米、40厘米，常用的有20厘米、30厘米。这就要求滴灌设施实施过程中，需要考虑使用单条滴灌带端部首端和末端滴孔出水量均匀度相同且前后误差在10%以内的产品。在设计施工过程中，需要根据实际情况，选择合适规格的滴灌带，还要根据这种滴灌带的流量等技术参数，确定单条滴灌带的铺设最佳长度。

1. 滴灌设备安装

（1）灌水器选型。大棚栽培作物一般选用内镶滴灌带，规格16毫米×200毫米或300毫米，壁厚可以根据农户投资需求选择0.2毫米、0.4毫米、0.6毫米，滴孔朝上，平整地铺在畦面的地膜下面。

（2）滴灌带数量。可以根据作物种植要求和投资意愿，决定每畦铺设的条数，通常每畦至少铺设一条，两条最好。

（3）滴灌带安装。棚头横管用25"，每棚一个总开关，每畦另外用旁通阀，在多雨季节，大棚中间和棚边土壤湿度不一样，可以通过旁通阀调节灌水量。

铺设滴灌带时，先从下方拉出。由一人控制，另一人拉滴灌带，当滴管带略长于畦面时，将其剪断并将末端折扎，防止异物进入。首部连接旁通或旁通阀，要求滴灌带用剪刀裁平，如果附近有滴头，则剪去不要，把螺旋螺帽往后退，把滴灌带平稳套进旁通阀的口部，适当摁住，再将螺帽往外拧紧即可。将滴灌带尾部折叠并用细绳扎住，打活结，以方便冲洗（用带用堵头也可以，只是在使用过程中受水压泥沙等影响，不容易拧开冲洗，直接用线扎住方便简单）。

把黑管连接总管，三通出口处安装球阀，配置阀门井或阀门箱保护。整体管网安装完成后，通水试压，冲出施工过程中留在管道内的杂物，调整缺陷处，然后关水，滴灌带上堵头，25" 黑管上堵头。

2. 设备使用技术

（1）滴灌带通水检查。在滴灌受压出水时，正常滴孔的出水是呈滴水状的，如果有其他洞孔，出水是呈喷水状的，在膜下会有水柱冲击的响声，所以要巡查各处，检查是否有虫咬或其他机械性破洞，发现后及时修补。在滴灌带铺设前，一定要对畦面的地下害虫或越冬害虫进行一次灭杀。

（2）灌水时间。初次灌水时，由于土壤团粒疏松，水滴容易直接往下顺着土块空隙流到沟中，没能在畦面实现横向湿润。所以要短时间、多次、间歇灌水，让畦面土壤形成毛细管，促使水分横向湿润。

瓜果类作物在营养生长阶段，要适当控制水量，防止枝叶生长过旺影响结果。在作物挂果后，滴灌时间要根据滴头流量、土壤湿度、施肥间隔等情况决定。一般在土壤较干时滴灌3～4小时，而当土壤湿度居中，仅以施肥为目的时，水肥同灌约1小时较合适。

（3）清洗过滤器。每次灌溉完成后，需要清洗过滤器。每3～4次灌溉后，特别是水肥灌溉后，需要把滴灌带堵头打开冲水，将残留在管壁内的杂质冲洗干净。作物采收后，集中冲水一次，收集备用。如果是在大棚内，只需要把滴灌带整条拆下，挂到大棚边的拱管上即可，下次使用时再铺到膜下。

（五）首部设备安装与调试

1. 负压变频供水设备安装

负压变频供水设备安装处应符合控制柜对环境的要求，柜前后应有足够的检修通道，进入控制柜的电源线径、控制柜前级的低压柜的容量应有一定的余量，各种检测控制仪表或设备应安装于系统贯通且压力较稳定处，不应对检测控制仪表或设备产生明显的不良影响。如安装于高温（高于45℃）或具有腐蚀性的地方，在签订订货单时应作具体说明。在已安装时发现安装环境不符合时，应及时与原供应商取得联系进行更换。

水泵安装应注意进水管路无泄漏，地面应设置排水沟，并应设置必需的维修设施。水泵安装尺寸见各类水泵安装说明书。

2. 潜水泵安装

（1）安装方法。拆下水泵上部出水口接头，用法兰连接止回阀，止回阀箭头指向水流方向。管道垂直向上伸出池面，经弯头引入泵房，在泵房内与过滤器连接，在过滤器前开一个DN20施肥口，连接施肥泵，前后安装压力表。水泵在水池底部需要垫高0.2米左右，防止淤泥堆积，影响散热。

（2）施肥方法。第一步，开启电机，使管道正常供水，压力稳定。第二步，开启施肥泵，调整压力，开始注肥，注肥时需要有操作人员照看，随时关注压力变化及肥量变化，注肥管压力要比出水管压力稍大一些，保证能让肥液注进出水管，但压力不能太大，以免引起倒流，肥料注完后，再灌15分钟左右的清水，把管网内的剩余肥液送到作物根部。

3. 离心自吸泵安装

（1）安装使用方法。

第一步，建造水泵房和进水池，泵房占地3米×5米以上，并安装一扇防盗门，进水池2米×3米。

第二步，安装ZW形卧式离心自吸泵，进水口连接进水管到进水池底部，出口连接过滤器，一般两个并联。外装水表、压力表及排气阀（排气阀安装在出水管墙外位置，水泵启停时排气阀会溢水，保持泵房内不被水溢湿）。

第三步，安装吸肥管，在吸水管三通处连接阀门，再接过滤器，过滤器与水流方向要保持一致，连接钢丝软管和底阀。

第四步，施肥桶可以配3只左右，每只容量200升左右，通过吸肥管分管分别放进各肥料桶内，可以在吸肥时，把不能同时混配的肥料分桶吸入，在管道中混合。

第五步，施肥浓度，根据进出水管的口径，配置吸肥管的口径，保持施肥浓度在5%～7%。通常4" 进水管，3" 出水管水泵，配1" 吸肥管，最后施肥浓度在5%左右。肥料的吸入量始终随水泵流量大小而改变，而且保持相对稳定的浓度。田间灌溉量大，即流量大，吸肥速度也随之增加，反之，吸肥速度减慢，始终保持浓度相对稳定。

（2）注意事项。施肥时要保持吸肥过滤器和出水过滤器畅通，如遇堵塞，应及时清洗；施肥过程中，当施肥桶内肥液即将吸干时，应及时关闭吸肥阀，防止空气进入泵体产生气蚀。

三、水肥一体化系统操作

（一）准备工作

使用前的准备工作主要是检查系统是否按设计要求安装到位，检查系统主要设备和仪表是否正常，对损坏或漏水的管段及配件进行修复。

1. 检查水泵与电机

检查水泵与电机所标示的电压、频率与电源电压是否相符，检查电机外壳接地是否可靠，检查电机是否漏油。

2. 检查过滤器

检查过滤器安装位置是否符合设计要求，是否有损坏，是否需要冲洗。介质过滤器在首次使用前，在罐内注满水并放入一包氯球，搁置30分钟后按正常使用方法各反冲一次。此次反冲并可预先搅拌介质，使之颗粒松散，接触面展开。然后充分清洗过滤器的所有部件，紧固所有螺丝。离心式过滤器冲洗时先打开压盖，将沙子取出冲净即可。网式过滤器手工清洗时，扳动手柄，放松螺杆，打开压盖，取出滤网，用软刷子刷洗筛网上的污物并用清水冲洗干净。叠片过滤器要检查和更换变形叠片。

3. 检查肥料罐或注肥泵

检查肥料罐或注肥泵的零部件及与系统的连接是否正确，清除罐体内的积存污物以防进入管道系统。

4. 检查其他部件

检查所有的末端竖管，是否有折损或堵头丢失。前者取相同零件修理，后者补充堵头。检查所有阀门与压力调节器是否启闭自如，检查管网系统及其连接微管，如有缺损应及时修补。检查进排气阀是否完好，并打开。关闭主支管道上的排水底阀。

5. 检查电控柜

检查电控柜的安装位置是否得当。电控柜应防止阳光照射，并单独安装在隔离单元，要保持电控柜房间的干燥。检查电控柜的接线和保险是否符合要求，是否有接地保护。

（二）灌溉操作

水肥一体化系统包括单户系统和组合系统。组合系统需要分组轮灌。系统的简繁不同，灌溉作物和土壤条件不同都会影响到灌溉操作。

1. 管道充水试运行

在灌溉季节首次使用时，必须进行管道充水冲洗。充水前应开启排污阀或泄水阀，关闭所有控制阀门，在水泵运行正常后缓慢开启水泵出水管道上的控制阀门，然后从上游至下游逐条冲洗管道，充水中应观察排气装置工作是否正常。管道冲洗后应缓慢关闭泄水阀。

2. 水泵启动

要保证动力机在空载或轻载下启动。启动水泵前，首先关闭总阀门，并打开准备灌水的管道上所有排气阀排气，然后启动水泵向管道内缓慢充水。启动后观察和倾听设备运转是否有异常声音，在确认启动正常的情况下，缓慢开启过滤器及控制田间灌溉所需轮灌组的田间控制阀门，开始灌溉。

3. 观察压力表和流量表

观察过滤器前后的压力表读数差异是否在规定的范围内，压差读数达到7米水柱，说明过滤器内堵塞严重，应停机冲洗。

4. 冲洗管道

新安装的管道（特别是滴灌管）第一次使用时，要先放开管道末端的堵头，充分放水冲洗各级管道系统，把安装过程中集聚的杂质冲洗干净后，封堵末端堵头，然后才能开始使用。

5. 田间巡查

要到田间巡回检查轮灌区的管道接头和管道是否漏水，各个灌水器是否正常。

（三）施肥操作

施肥过程是伴随灌溉同时进行的，施肥操作在灌溉进行20～30分钟后开始，并确保在灌溉结束前20分钟以上的时间内结束，这样可以保证对灌溉系统的冲洗和尽可能地减少化学物质对灌水器的堵塞。

施肥操作前要按照施肥方案将肥料准备好，对于溶解性差的肥料可先将肥料溶解在水中。不同的施肥装置在操作细节上有所不同。

1. 泵吸肥法

根据轮灌区的面积或果树的株数计算施肥量，然后倒入施肥池。开动水泵，放水溶解肥料。打开出肥口处开关，肥料被吸入主管道。通常面积较大的灌区吸肥管用50～70毫米的PVC管，方便调节施肥速度。一些农户出肥管管径太小（25毫米或32毫米）。当需要加速施肥时，由于管径太小无法实现。对较大面积的灌区（如500亩以上），可以在肥池或肥桶上画刻度。一次性将当次的肥料溶解好，然后通过刻度分配到每个轮灌区。假设一个轮灌区需要一个刻度单位的肥料，当肥料溶液到达一个刻度时，应立即关闭施肥开关，继续灌溉冲洗管道。冲洗完后打开下一个轮灌区，打开施肥池开关，到达第二个刻度单位时表示第二轮灌区施肥结束，依次进行操作。大型灌区的施肥采用这种办法可以提高工作效率，减轻劳动强度。

在北方一些井灌区水温较低，肥料溶解慢。一些肥料即使在较高水温下溶解也慢（如硫酸钾）。这时在肥池内安装搅拌设备可显著加快肥料的溶解，一般搅拌设备由减速机（功率1.5～3.0千瓦）、搅拌桨和同定支架组成。搅拌桨通常要用304不锈钢制造。

2. 泵注肥法

南方地区的果园，通常都有打药机。许多果农利用打药机作注肥泵用。具体做法是：在泵房外侧建一个砖水泥结构的施肥池，一般3～4米^3，通常高1米，长宽均2米，以不漏水为质量要求。池底最好安装一个排水阀门，方便清洗排走肥料池的杂质。施肥池内侧最好用油漆划好刻度，以0.5米^{3}为一格。安装一个吸肥泵将池中溶解好的肥料注入输水管。吸肥泵通常用旋涡自吸泵，扬程须高于灌溉系统设计的最大扬程，通常的参数为：电源220伏或380伏，0.75～1.1千瓦，扬程50米，流量3～5米^3/时，这种施肥方法肥料有没有施完看得见，施肥速度方便调节。它适合用于时针式喷灌机、喷水带、卷盘喷灌机等灌溉系统。它克服了压差施肥罐的所有缺点，特别是使用地下水的情况下，由于水温低（9～10℃），肥料溶解慢，可以提前放水升温，自动搅拌溶解肥料。通常减速搅拌机的电机功率为1.5千瓦。搅拌装置用不生锈材料做成倒T形。

3. 压差式施肥罐

（1）压差施肥罐的运行。压差施肥罐的操作运行顺序如下。

第一步，根据各轮灌区具体面积或作物株数计算好当次施肥的数量。称好或量好每个轮灌区的肥料。

第二步，用两根各配一个阀门的管子将旁通管与主管接通，为便于移动，每根管子上可配用快速接头。

第三步，将液体肥直接倒入施肥罐，若用固体肥料则应先行单独溶解并通过滤网注入施肥罐。有些用户将固体肥直接投入施肥罐，使肥料在灌溉过程中溶解，这种情况下用较小的罐即可，但需要5倍以上的水量以确保所有肥料被用完。

第四步，注完肥料溶液后，扣紧罐盖。

第五步，检查旁通管的进出口阀均关闭而节制阀打开，然后打开主管道阀门。

第六步，打开旁通进出口阀，然后慢慢地关闭节制阀，同时注意观察压力表，得到所需的压差（1～3米水压）。

第七步，对于有条件的用户，可以用电导率仪测定施肥所需时间。施肥完后关闭进口阀门。

第八步，要施下一罐肥时，必须排掉部分罐内的积水。在施肥罐进水口处应安装一个1/2" 的进排气阀或1/2" 的球阀。打开罐底的排水开关前，应先打开排气阀或球阀，否则水排不出去。

（2）压差施肥罐施肥时间监测方法。压差施肥罐是按数量施肥方式，开始施肥时流出的肥料浓度高，随着施肥进行，罐中肥料越来越少，浓度越来越稀。灌溉施肥的时间取决于肥料罐的容积及其流出速率：

$$T = 4V / Q$$

式中，T为施肥时间（小时）；V为肥料罐容积（升）；Q为流出液速率（升/时）；4是指120升肥料溶液需480升水流入肥料罐中才能把肥料全部带入灌溉系统中。

例如：一肥料罐容积220升，施肥历时2时，求旁通管的流量。根据上述公式，在2时内必须有4×220=880升水流过施肥罐，故旁通管的流量应不低于：

880/120=7.3（分钟）

因为施肥罐的容积是固定的，当需要加快施肥速度时，必须使旁通管的流量增大。此时要把节制阀关得更紧一些。

了解施肥时间对应用压差施肥罐施肥具有重要意义。当施下一罐肥时必须将罐内的水放掉至少1/2～2/3，否则无法加放肥料。如果对每一罐的施肥时间不了解，可能会出现肥未施完即停止施肥，将剩余肥料溶液排走而浪费肥料。或肥料早已施完但心中无数，盲目等待，后者当单纯为施肥而灌溉时，会浪费水源或电力，增加施肥人工。特别在雨季或土壤不需要灌溉而只需施肥时更需要加快施肥速度。

（3）压差施肥罐使用注意事项。压差施肥罐使用时，应注意以下事项：

一是罐体较小时（小于100升），固体肥料最好溶解后倒入肥料罐，否则可能会堵塞罐体。特别在压力较低时可能会出现这种情况。

二是有些肥料可能含有一些杂质，倒入施肥罐前先溶解过滤，滤网100 ~ 120目。如直接加入固体肥料，必须在肥料罐出口处安装一个1/2" 的筛网过滤器，或者将肥料罐安装在主管道的过滤器之前。

三是每次施完肥后，应对管道用灌溉水冲洗，将残留在管道中的肥液排出。一般滴灌系统20 ~ 30分钟，微喷灌5 ~ 10分钟。如有些滴灌系统轮灌区较多，而施肥要求在尽量短的时间完成，可考虑测定滴头处电导率的变化来判断清洗的时间。一般的情况是一个首部的灌溉面积越大，输水管道越长，冲洗的时间也越长。冲洗是个必需过程，因为残留的肥液存留在管道和滴头处，极易滋生藻类青苔等低等植物，堵塞滴头；在灌溉水硬度较大时，残存肥液在滴头处形成沉淀，造成堵塞。及时的冲洗基本可以防止此类问题发生。但在雨季施肥时，可暂时不洗管，等天气晴朗时补洗，否则会造成过量灌溉淋洗肥料。

四是肥料罐需要的压差由入水口和出水口间的节制阀获得。因为灌溉时间通常多于施肥时间，不施肥时节制阀要全开。经常性的调节阀门可能会导致每次施肥的压力差不一致（特别当压力表量程太大时，判断不准），从而使施肥时间把握不准确。为了获得一个恒定的压力差，可以不用节制阀门，代之以流量表（水表）。水流流经水表时会造成一个微小压差，这个压差可供施肥罐用。当不施肥时，关闭施肥罐两端的细管，主管上的压差仍然存在。在这种情况下，不管施肥与否，主管上的压力都是均衡的。因这个由水表产生的压差是均衡的，无法调控施肥速度，所以只适合深根作物。对浅根系作物在雨季要加快施肥，这种方法不适用。

4. 重力自压式施肥法

施肥时先计算好每轮灌区需要的肥料总量，倒入混肥池，加水溶解，或溶解好直接倒入。打开主管道的阀门，开始灌溉。然后打开混肥池的管道，肥液即被主管道的水流稀释带入灌溉系统。通过调节球阀的开关位置，可以控制施肥速度。当蓄水池的液位变化不大时（丘陵山地果园许多情况下一边灌溉一边抽水至水池），施肥的速度可以相当稳定，保持一恒定养分浓度。如采用滴灌施肥，施肥结束后需继续灌溉一段时间，冲洗管道。如拖管淋水肥则无此必要。通常混肥池用水泥建造坚固耐用，造价低。也可直接用塑料桶作混肥池用。有些用户直接将肥料倒入蓄水池，灌溉时将整池水放干净。由于蓄水池通常体积很大，要彻底放干水很不容易，会残留一些肥液在池中。加上池壁清洗困难，也有养分附着。当重新蓄水时，极易滋生藻类青苔等低等植物，堵塞过滤设备。应用重力自压式灌溉施肥，当采用滴灌时，一定要将混肥池和蓄水池分开，二者不可共用。

静水微重力自压施肥法曾被国外某些公司在我国农村提倡推广，其做法是在棚中心部位将储水罐架高80～100厘米，将肥料放入敞开的储水罐溶解，肥液经过罐中的筛网过滤器过滤后靠水的重力滴入土壤。

5. 文丘里施肥器

虽然文丘里施肥器可以按比例施肥，在整个施肥过程中保持恒定浓度供应，但在制定施肥计划时仍然按施肥数量计算。如一个轮灌区需要多少肥料要事先计算好。如用液体肥料，则将所需体积的液体肥料加到储肥罐（或桶）中。如用固体肥料，则先将肥料溶解配成母液，再加入储肥罐，或直接在储肥罐中配制母液。当一个轮灌区施完肥后，再安排下一个轮灌区。

当需要连续施肥时，对每一轮灌区先计算好施肥量。在确定施肥速度恒定的前提下，可以通过记录施肥时间或观察施肥桶内壁上的刻度来为每一轮灌区定量。对于有辅助加压泵的施肥器，在了解每个轮灌区施肥量（肥料母液体积）的前提下，安装一个定时器来控制加压泵的运行时间。在自动灌溉系统中，可通过控制器控制不同轮灌区的施肥时间。当整个施肥可在当天完成时，可以统一施肥后再统一冲洗管道，否则必须将施过肥的管道当日冲洗。冲洗的时间要求同旁通罐施肥法。

（四）轮灌组更替

根据水肥一体化灌溉施肥制度，观察水表水量确定达到要求的灌水量时，更换下一轮灌组地块，注意不要同时打开所有分灌阀。首先打开下一轮灌组的阀门，再关闭第一个轮灌组的阀门，进行下一轮灌组的灌溉，操作步骤按以上重复。

（五）停止灌溉

所有地块灌溉施肥结束后，先关闭灌溉系统水泵开关，然后关闭田间的各开关。对过滤器、施肥罐、管路等设备进行全面检查，达到下一次正常运行的标准。注意冬季灌溉结束后要把田间位于主支管道上的排水阀打开，将管道内的水尽量排净，以避免管道留有积水冻裂管道，此阀门冬季不必关闭。

第三节　主要农作物的水肥一体化技术

一、玉米水肥一体化技术应用

（一）玉米需水规律

玉米适应性强，对土壤的适应性较广，砂土、壤土、黏土均可栽培。玉米是需水较多的作物，各生育阶段的需水量如下。

1. 播种期

半干旱地区，春季降雨量少，气候干燥，风多风大，土壤失水较多，一般播种期，耕层内土壤含水量绝大多年份低于种子发芽的水分要求。提供种子发芽到出苗的适宜土壤水分是解决能否苗全苗壮的关键，采用早春覆膜前灌溉保湿覆膜或盖膜后滴灌均可。确保在播种前有适宜的水分状况，灌溉水量以25～30米^3/亩为宜。如播后灌溉应该严格掌握灌水量，不要过多，以免造成土温过低影响出苗。

2. 育苗水

玉米苗期的需水量并不多，土壤含水量占田间水量的60%为宜，低于60%必须进行苗期灌溉。灌水定额15～20米^3/亩。地膜覆盖的玉米底墒足，苗期也可不灌水，通过控制灌水进行蹲苗。使植株基部节间短，发根多、株体敦实粗壮，增加后期抗旱抗倒伏能力，为增产打下良好基础。

蹲苗一般于苗后开始，至拔节前结束，持续时间一个月左右，是否需水灌水，具体应根据品种类型、苗情、土壤墒情等灵活掌握。蹲苗期间中午打绺，傍晚又能展平的地块不急于灌水。如果傍晚叶子不能复原应灌一次保苗水。

3. 拔节期

玉米出苗35天左右即开始拔节。拔节孕穗期植株生长迅猛，这个时期气温高、植株叶面蒸腾强，土壤水分供应要充分，如果缺水受旱植株发育不良，影响幼穗的正常分化，甚至雌穗不能形成果穗，造成空秆，雄穗则不能抽出，带来严重减产。这期间土壤水分将至田间持水量的65%以下时就应及时灌发育水，使植株根系生长良好、茎秆粗壮，有利于幼穗的分化发育，从而形成大穗，拔节初期灌溉时，灌水定额应控制在20～30米^3/亩为宜。

4. 灌浆成熟期

抽穗开花期是作物生理需水高峰期，天然降雨与作物需水大致相当，但这个时期应特别注意缺水现象。发现缺水要及时补充灌溉。实践总结和研究表明，灌浆期进入籽粒中的养分，不缺水比缺水的可增加2倍多。

（二）玉米需肥规律

玉米植株高大，茎叶繁茂，是需肥较多的作物，单位面积玉米对氮、磷、钾吸收量随之提高，其中吸收量最大时期是在拔节期至抽雄期，分别要吸收46.5%氮、44.9%磷和68.2%钾，因此，此期保证养分的充分供给是非常重要的。此外，授粉至乳熟期玉米对养分仍然保持较高的需求，是形成产量的关键期。玉米一生中吸收的氮最多，钾次之，磷较多。确定具体的氮、磷、钾施肥量应根据土壤养分测定情况确定，施肥一般原则应掌握基肥为主，种肥、追肥为辅。

（三）玉米水肥一体化技术方案

表5-1是制种玉米膜下滴灌施肥方案，可供相应地区生产使用参考。

表5-1　制种玉米膜下滴灌施肥方案

生育时期	滴灌次数	灌溉定额/（米^3/亩·次）	每次灌溉加入的纯养分量/（千克/亩）			
			N	P_2O_5	K_2O	$N+P_2O_5+K_2O$
春季	1	225	0	0	0	0
播种前			21	9	6	36
定植	1	18	0	0	0	0
拔节	2	18	2.3	0	0	2.3
抽穗	2	18	4.6	0	0	4.6
吐丝	1	20	4.6	0	0	4.6
灌浆	3	20	4.6	0	0	4.6
蜡熟期	1	18	0	0	0	0
合计	11	413	37.1	9	6	52.1

应用说明：

（1）本方案适用于西北干旱地区，土壤为灌漠土，土壤pH值为8.1，有机质，有效含量较低，速效钾含量较高。种植模式采用一膜一管二行，不起垄，行距2 750px（1px=0.4毫米），株距625px，亩保苗4 800株，目标产量650千克/亩。

（2）春季灌底墒水225米^3/亩，起到造墒洗盐作用。

（3）播种前施基肥。亩施农家肥3 000～4 000千克，氮21千克，磷9千克，钾6千克，肥料品种可选用尿素24千克/亩，磷酸钾玉米专用肥100千克/亩。

（4）在玉米拔节、抽雄、吐丝、灌浆期分别滴灌施肥一次，肥料可用尿素，用量分别为5千克/亩，10千克/亩，10千克/亩，10千克/亩，其他滴灌时不施肥。

（5）参照表5-1提供的养分数量，可以选择其他的肥料品种组合，并换算成具体的肥料数量。

二、柑橘水肥一体化技术应用

在山地果园进行地面灌溉，灌水量均匀度低，肥水流失量大；在沿海滩涂地区还存在返盐等不利影响。对山地柑橘园适宜的灌溉模式有压力补偿滴灌（自压或加压）及拖管淋灌、渗灌等。施肥方式可采用重力自压施肥法或泵吸肥法。平地可用普通滴灌、微喷灌或膜下水带滴灌。

（一）柑橘需水规律

1. 萌芽坐果期（3—6月）

萌芽坐果期需水量大，我国柑橘产区降雨量较多，能满足生长发育的要求。但此时也容易出现水分过多，通气不良，抑制根的生长，应注意及时排水；柑橘开花坐果期对水分胁迫极为敏感，一遇高温干旱容易导致大量落花落果。此时应注意及时灌水或喷水，降温增湿。

2. 果实膨大期（7—9月）

这个时期柑橘叶片光合作用旺盛、果实迅速膨大，需水量大。南方各省正值梅雨过后容易发生干旱的时期，当土壤水分含量低时必须及时灌溉。

3. 果实生长后期至成熟期（10—12月）

土壤水分对果实品质影响较大，果实采收前1个月左右停止灌水。果实进入成熟期适当控水，能提高果实糖度和耐储性，促进花芽分化。在采收前1～2个月用透气性的地膜覆盖，果实不仅着色早，而且色泽鲜艳，商品性好。

4. 生产停止期（采收后至翌年3月）

此期气温较低，蒸腾量小，降雨量也少。果实采收后，树体抵抗力削弱，尽管已处于相对休眠状态，但如连续干旱，容易引起落叶，影响来年产量。一般应在采收后结合施肥充分灌水，如连续干旱20天以上应继续灌水一次。

柑橘在整个生长发育过程中，都需要水分，但必须适时适量才有利于柑橘的生长。柑橘园的灌溉必须结合树龄和各个物候期对水分的要求、当地的气候条件、土壤含水量等，确定正确的灌水时期和灌水量。灌水时期应根据柑橘对水分的需要量、土壤含水量和气候条件等因素确定。具体方法有经验法和张力计法。

（1）经验法。在生产实践中可凭经验判断土壤含水量。如壤土和砂壤土，用手紧握形成土团，再挤压时土团不易碎裂，说明土壤湿度大约在最大持水量的50%以上，一般不进行灌溉；如手捏松开后不能形成土团，轻轻挤压容易发生裂缝，证明水分含量少，应及时灌溉。复秋干旱时期还可根据天气情况决定灌水时期，一般连续高温干旱15天以上即需开始灌溉，秋冬干旱可延续20天以上再开始灌溉。

（2）张力计法。一般可在柑橘园土层中埋两支张力计，一支埋深60厘米，一支埋深30厘米。30厘米张力计读数决定何时开始灌溉，60厘米张力计读数回零时停止灌溉。当30厘米张力计读数达-15千帕时开始滴灌，滴到60厘米张力计读数回零时为止。当用滴灌时，张力计埋在滴头的正下方。

（二）柑橘需肥规律

1. 柑橘养分需求量

柑橘周年抽梢次数多、结果多、挂果期长，对肥料需求量大。柑橘几乎整年都在抽梢、开花和结果，需要从土壤中吸收一定数量的养分。一般来说，柑橘一年要抽3～4次梢，结果多，落果也多，挂果期长（一般在5个月左右），要消耗大量的营养物质。综合各地研究资料，每生产1 000千克柑橘果实，需氮1.18～1.85千克、五氧化二磷0.17～0.27千克、氧化钾1.70～2.61千克、钙0.36～1.04千克、镁0.17～1.19千克，硼、锌、锰、铁、铜、钼等微量元素含量范围在10～100毫克/千克。

2. 柑橘施肥时期

枝梢生长及果实发育期是养分吸收的时期，通过灌溉系统追肥的时间安排在萌芽前至果实糖分累积阶段。根据目标产量计算总施肥量，施肥分配主要根据其吸收规律来定。在具体的施肥安排上还要分幼年树、初结果树和成年结果树。磷肥一般建议基施。对幼年树而言，全年每株建议施氮0.2千克和钾0.1千克，配合施用沤腐的粪水。初结果树每株全年参考肥量为氮0.4～0.5千克、磷0.1～0.15千克、钾0.5～0.6千克，配合有机肥10～20千克，其中秋梢肥占40%～50%、春梢肥占20%～25%、基肥占25%～40%。成年结果树已进入全面结果时期，营养生长与开花结果达到相对平衡，调节好营养生长与开花结果的关系，适时适量施肥。一株成年树大致的施肥量为氮1.2～1.5千克、磷0.3～0.35千克、钾1.5～2.0千克，主要分配在花芽分化期、坐果期、秋梢及果实发育期、采果前和采果后。采用少量多次的做法，不管是微喷还是滴灌，全年施肥20次左右。

（三）柑橘水肥一体化技术方案

在水肥一体化技术条件下，更加关注肥料的比例、浓度，而非施肥总量。因为水肥一体化中肥料是少量多次施用的。施肥是否充足，可以从枝梢质量、叶片外观做直观判断。如果发现肥料不足，可以随时增加肥料用量；如果发现肥料充足，也可以随时停止施肥。通常建议是“一梢三肥”，即在萌芽期、嫩梢期、梢老熟期前各施一次肥；果实发育阶段多次施肥，一般半月一次。

表5-2为广西（广西壮族自治区的简称，全书同）某果园砂糖橘滴灌施肥方案，可供相应地区生产使用参考。

表5-2 广西某果园砂糖橘滴灌施肥方案

生育时期	灌溉次数	灌溉定额/（米^3/亩·次）	每次灌溉加入的纯养分量/（千克/亩）			
			N	P_2O_5	K_2O	$N+P_2O_5+K_2O$
花期	3	3	2.2	1.65	1.65	5.5
幼果期	3	3	2.64	1.98	1.98	6.6
生理落果期	3	5	1.85	1.45	3.30	6.6
果实膨大期	3	5	1.08	0.85	1.93	3.86
果实成熟期	1	4	1.54	1.21	2.75	5.5
合计	13	52	24.85	19.0	29.3	73.15

应用说明：

（1）冬季挖坑，可每株施腐熟有机肥30～60千克、硫酸镁0.15千克。

（2）花期滴灌施肥3次，每亩每次施尿素4.1千克、工业级磷酸一铵2.7千克、硫酸钾3.3千克。幼果期滴灌施肥3次，每亩每次施尿素4.9千克、工业级磷酸一铵3.2千克、硫酸钾4.0千克。生理落果期滴灌施肥3次，每亩每次施尿素3.3千克、工业级磷酸一铵2.4千克、硫酸钾6.6千克。果实膨大期滴灌施肥3次，每亩每次施尿素2.0千克、工业级磷酸一铵1.4千克、硫酸钾3.9千克。果实成熟期滴灌施肥1次，每亩施尿素2.8千克、工业级磷酸一铵2.0千克、硫酸钾5.5千克。

（3）叶面追肥：春梢萌芽期，叶面喷施1 500倍活力硼叶面肥；谢花保果期，叶面喷施1 500倍活力钙叶面肥；果实膨大期，叶面喷施1 500倍活力钙叶面肥2次，间隔期20天。

三、黄瓜水肥一体化技术应用

黄瓜通常起垄种植，适宜的灌溉方式有滴灌、膜下滴灌、膜下微喷带，其中膜下滴灌应用面积最大。滴灌时，可用薄壁滴灌带，厚壁0.2～0.4毫米，滴头间距20～40厘米，流量1.5～2.5升/时。采用喷水带时，尽量选择流量小的。

1. 黄瓜需水规律

黄瓜需水量大，生长发育要求有充足的土壤水分和较高的空气湿度。黄瓜吸收的水分绝大部分用于蒸腾，蒸腾速率高，耗水量大。试验结果表明，露地种植时，平均每株黄瓜干物质重133克，单株黄瓜整个生育期蒸腾量101.7千克，平均每株每日蒸腾量1 591克，平均每形成1克干物质，需水量765克，即蒸腾系数为765。一般情况下，露地栽培的黄瓜蒸腾系数为400～1 000，保护地栽培的黄瓜蒸腾系数在400以下。黄瓜不同生育期对水分需求有所不同，幼苗期需水量少，结果期需水量多。黄瓜的产量高，收获时随着产品带走的水分数量也很多，这也是黄瓜需水量多的原因之一。黄瓜植株耗水量大，而根系多分布于浅层土壤中，对深层土壤水分利用率低，植株的正常发育要求土壤水分充足，一般土壤相对含水量80%以上时生长良好，适宜的空气相对湿度为80%～90%。

黄瓜定植后要强调灌好3～4次水，即稳苗水、定植水、缓苗水等。在浇好定植缓苗水的基础上，当植株长有4片真叶，根系将要转入迅速伸展时，应顺沟浇一次大水，以引导根系继续扩展。随后就进入适当控水阶段，此后，直到根瓜膨大期一般不浇水，主要加强保墒，提高地温，促进根系向深处发展。结果以后，严冬时节即将到来，植株生长和结瓜虽然还在进行，但用水量也相对减少，浇水不当还容易降低地温和诱发病害。天气正常时，一般7天左右浇一次水，以后天气越来越冷，浇水的间隔时间可逐渐延长到10～12天。浇水一定要在晴天的上午进行，可以使水温和地温更接近，减小根系因灌水受到的刺激；并有时间通过放风排湿使地温得到恢复。

浇水间隔时间和浇水量也不能完全按上面规定的天数硬性进行，还要根据需要和黄瓜植株的长相、果实膨大增重及某些器官的表现来衡量判断。瓜秧深绿，叶片没有光泽，卷须舒展是水肥合适的表现；卷须呈弧状下垂，叶柄和主茎之间的夹角大于45°，中午叶片有下垂现象，是水分不足的表现，应选晴天及时浇水。浇水还必须注意天气预报，一定要使浇水后能够遇上几个晴天，浇水遇上连阴天是非常被动的事情。

也可通过经验法或张力计法进行确定是否需要灌水和确定灌水时间。在生产实践中可凭经验判断土壤含水量。如壤土和沙壤土，用手紧握形成土团，再挤压时土团不易碎裂，说明土壤湿度在最大持水量的50%以上，一般不进行灌溉；如手捏松开后不能形成土团，轻轻挤压容易发生裂缝，证明水分含量少，应及时灌溉。夏秋干旱时期还可根据天气情况决定灌水时期，一般连续高温干旱15天以上即需开始灌溉，秋冬干旱可延续20天以上再开始灌溉。当用张力计检测水分时，一般可在菜园土层中埋1支张力计，埋深20厘米。土壤湿度保持在田间持水量的60%～80%，即土壤张力在10～20厘巴时有利于黄瓜生长。超过20厘巴表明土壤变干，要开始灌溉，张力计读数回零时为止。当用滴灌时，张力计埋在滴头的正下方。

2. 黄瓜需肥规律

黄瓜的营养生长与生殖生长并进时间长，产量高，需肥量大，喜肥但不耐肥，是典型的果蔬型瓜类作物。每1 000千克商品瓜需氮2.8～3.2千克、五氧化二磷1.2～1.8千克、氧化钾3.3～4.4千克、氧化钙2.9～3.9千克、氧化镁0.6～0.8千克。氮、磷、钾比例为1∶0.4∶1.6。黄瓜全生育期需钾最多，其次是氮，再次为磷。

黄瓜对氮、磷、钾的吸收是随着生育期的推进而有所变化的，从播种到抽蔓吸收的数量增加；进入结瓜期，对各养分吸收的速度加快；盛瓜期达到最大值，结瓜后期则又减少。它的养分吸收量因品种及栽培条件而异。各部位养分浓度的相对含量，氮、磷、钾在收获初期偏高，随着生育时期的延长，其相对含量下降；而钙和镁则是随着生育期的延长而上升。

3. 黄瓜水肥一体化技术方案

表5-3是日光温室越冬黄瓜滴灌施肥方案，可供日光温室越冬黄瓜生产使用参考。

表5-3　日光温室越冬黄瓜滴灌施肥方案

生育时期	灌溉次数	灌溉定额/（米³/亩·次）	每次灌溉加入的纯养分量/（千克/亩）			
			N	P_2O_5	K_2O	$N+P_2O_5+K_2O$
定植前	1	22	15.0	15.0	15.0	45
苗期	2	9	1.4	1.4	1.4	4.2
开花期	2	11	2.1	2.1	2.1	6.3
采收期	17	12	1.7	1.7	3.4	6.8
合计	22	266	50.9	50.9	79.8	181.6

应用说明：

（1）本方案适宜于日光温室越冬茬黄瓜，土壤肥力中等地块，宽窄行种植，每亩定植2 900～3 000株，目标产量13 000～15 000千克/亩。

（2）定植前：施基肥，每亩施用腐熟的畜禽肥3 000～4 000千克+15-15-15的复合肥100千克/亩。第一次灌水用沟灌浇透，浇水量22米³/（亩·次），以促进有机肥的分解和沉实土壤。

（3）定植至开花期：进行2次滴灌施肥，滴灌用水9米³/（亩·次）；肥料选用专用复合肥料（20-20-20）7千克/亩或相当量的冲施肥。

（4）开花至坐果期：滴灌施肥2次，滴灌用水11米³/（亩·次）；肥料选用专用复合肥料（20-20-20）10.5千克/亩或相当量的冲施肥。

（5）采收期：一般7～9天要进行1次滴灌施肥，滴灌用水12米³/（亩·次）；肥料选用专用复合肥料（20-20-20）

10.5千克/亩或相当量的冲施肥。在滴灌施肥的基础上，可根据植株长势，叶面喷施磷酸二氢钾、钙肥和微量元素肥料。

（6）参照表5-3提供的养分数量，可以选择其他的肥料品种组合，并换算成具体的肥料数量。

第六章 农业防治技术

第一节 选育抗病良种

一、选育抗病良种概述

选育抗病虫的高产良种是防治病虫害最经济、最有效的办法，农作物对病虫害有一定的抵抗性和补偿性，这是农作物的一种特性。但其抵抗性程度往往差异很大，作物不同品种间抗病虫能力的差异，主要是由于品种间形态或生理上的不同而形成的。如较抗赤霉病的小麦品种，一般具有穗形疏松、麦粒稀散、开花历期短、颖壳紧闭、光滑等形态特征。

为了获得抗病虫品种，从外地引种和现有材料中选择，或者通过有性杂交或无性杂交的方法，在杂交后代中并通过自然鉴定或人工接种诱发鉴定，可以造出较好的抗病虫和高产品种。此外，还可利用电离辐射、放射性元素照射、化学激素处理、太空育种等诱发植物变异，选出抗病虫品系（系），对已有抗病虫品种，还要不断选择、培育和复壮，同时注意保证高产和优质。如有的品种可抗稻瘟病、白叶枯病、病毒病，还抗稻叶蝉和褐飞虱。

二、主要粮食作物的抗病品种

1. 小麦的抗病品种

（1）鄂麦170。鄂麦170是湖北省2014年唯一审定的小麦优质高产新品种。鄂麦170属于半冬性早熟抗寒性好的优质品种，白色籽粒，角质光亮，籽粒饱满度良好，属优质麦标准。茎秆粗壮弹性好，抗倒伏性很强。植株集中紧凑，茎秆蜡层厚，抗病性非常好。大穗大籽粒，产量高，通常亩产600千克左右。

（2）太麦198。太麦198是优质、抗性强、高产、适应性广泛、新审定的新品种。它具有中抗赤霉病、矮秆、高产、广适等突出优特之长处，具备翼鲁豫麦区大品种和换代品种的潜力。它是山东省2016年审定的唯一的一个中抗赤霉病的高肥水品种，还能抗小麦叶锈病、白粉病和纹枯病。属大穗品种，平均亩产在630千克左右。

（3）洛麦26。洛麦26是黄淮麦区唯一的各方面特性超越矮抗58的新品种，使用和推广前景不可限量。洛麦26矮秆弹性好，高抗倒伏；属半冬性多穗型中早熟优质品种，幼苗生长健壮，抗寒能力强，抗倒春寒；抗干热风早熟性好；植株健壮紧凑，旗叶宽长，叶片肥大，光合作用强；大穗大籽粒，产量三要素数据高，一般亩产不低于650千克。

（4）中麦875。中麦875是中国农业科学院选育的具有大穗抗寒抗干热风优质高产新品种。它属于半冬性中早熟品种，冬季抗寒性较强，无冻害，抗倒春寒能力强；大穗大籽粒，产量三要素比较高，籽粒鲜亮饱满，商品性好，粉质优良，属于优质小麦；对小麦叶枯病、赤霉病抗性强，高抗倒伏，根系发达，叶功能好，灌浆速度快，耐旱耐高温，抗干热风；产量比普通品种要高。

（5）泛麦803。泛麦803属半冬性中早熟小麦品种，完美地继承了邯6172抗寒、抗病、广适、耐高温和周麦16矮秆、大穗的优点，是一个集矮秆、大穗、抗病、抗干热风、早熟等优点于一身的优异小麦新品种。主要抗条锈和白粉病、纹枯病。

小麦具有多抗性、优质高产的品种非常多，在种植过程中，要选择适合本地气候特点和自然条件的好品种。

2. 玉米的抗病品种

（1）廉玉1号玉米种。廉玉1号玉米种适宜在甘肃、宁夏（宁夏回族自治区的简称，全书同）、内蒙（内蒙古自治区的简称，全书同）、新疆（新疆维吾尔自治区的简称，全书同）、山西等中晚熟区种植。活秆成熟、抗病、抗倒伏、株型紧凑透光性好。经河北省农林科学院植物保护研究所鉴定，抗小斑病、高抗大斑病、抗茎腐病、高抗矮花叶病、抗玉米螟。

（2）豫禾988玉米种。豫禾988玉米种主要要特点是高产、稳产、抗病性强，抗逆性强。经河北省农林科学院植物保护研究所鉴定，2010年，高抗矮花叶病，中抗小斑病、大斑病、茎腐病；2011年，高抗矮花叶病，中抗小斑病、茎腐病，感大斑病。

（3）伟科966玉米种。伟科966玉米种适宜黄淮海玉米主产区（北京、天津、河北保定及以南地区、山西南部、河南、山东、江苏淮北、安徽淮北、陕西关中灌区等区域）种植。叶片肥厚、浓绿，株型紧凑，通透性好，茎秆坚韧；抗性更好，抗大小斑病、褐斑病和锈病。

（4）齐单1号玉米种。齐单1号玉米种适宜在我国西南地区、山东省玉米种植区及东北、华北春播区种植。具有高产稳产、抗病抗倒、适应性广、根系发达、抗旱性好。高抗小斑病、瘤黑粉病、矮花叶病，抗大斑病，抗弯孢菌叶斑病。

（5）鲁单6076玉米种。鲁单6076玉米种在山东省适宜地区可作为夏玉米品种种植。该品种是个高产稳产品种，品质优良、抗病性强。具有高抗矮花叶病，中抗小斑病，大斑病，弯孢叶斑病和茎腐病。

3. 水稻的抗病品种

（1）中嘉早32。全生育期109.2天，田间表现株型紧凑，分蘖中等，剑叶挺直，后期转色好，穗型大，着粒密，结实率高，综合表现中抗稻瘟病和白叶枯病。

（2）甬优6号。属籼粳杂交新组合，强根、壮秆，厚叶，大穗，具有超高产株型结构，稳产习性，中抗稻瘟病和白叶枯病，可作单季中稻种植。

（3）甬优9号。该组合属中熟偏迟单季籼粳杂交晚稻，全生育期145天左右，株型集散适中，茎秆粗壮，株高适中，分蘖中等，抗倒性好，熟期清秀。穗型大，生长整期，丰产性好。较抗稻瘟病、白叶枯病和褐飞虱。

（4）中浙优8号。属迟熟杂交中籼，全生育期137天，株型挺拔，分蘖力强，穗大粒多，生长清秀，后期熟相较好，中抗稻瘟病。

（5）龙粳25。粳稻，剑叶较短且张开角度小，整齐一致，分蘖力强，幼苗长势强，后熟快，抗倒性强。黑龙江省品种审定委员会指定稻瘟病鉴定单位鉴定为抗稻瘟病品种。其中人工接种叶瘟4~5级，穗颈瘟1级。

第二节 合理耕作方式

合理耕作制度可促进保持土壤肥力，使作物生长良好，提高抗病虫能力。由于作物习性的不同以及耕作栽培技术的变化，通过改变田间环境，往往造成不利于病虫滋生和繁殖的条件，从而减轻病虫害杂草的发生为害，以达到减药控害增效的目的。

一、深翻土地

许多病虫害的虫卵、病原菌及杂草的种子，多是在土壤里进行越夏（冬），而通过深翻土地，使虫卵、病原菌、杂草种子暴露于土表，失去固定的生存条件，加上日晒、雨水冲淋，从而失去生命活力而被致死。尤其是在北方，冬翻土地是消灭菌（虫卵）源，控制其发生为害的重要措施之一。

二、轮作倒茬

在烟粉虱发生严重的菜园，要尽量避免茄科、葫芦科、豆科和十字花科蔬菜间的连茬、连作，而实施与葱、蒜、生姜和菠菜等烟粉虱不喜欢的作物轮茬、轮作，即可降低烟粉虱种群发生量。尤其是秋冬茬轮作，对压低越冬代基数，减轻来年发生为害有显著效果。水旱轮作，使为害旱地作物的小地老虎显著减少，使为害水稻的螟虫、食根叶甲和稻水象甲也减少，对控制土传病害如番茄青枯病、根结线虫病和甘薯瘟病也有效。

三、合理密植

由于单株营养面积适当，通风透光正常，发育条件良好，作物生长健壮，抗病虫性和补偿力会相应地提高，由于作物产量增加，因病虫为害的损失率即相对降低。对于水稻而言，合理密植缩短了水稻的分蘖期，并使抽穗整齐，可以减少稻螟为害机会。

四、间种套种

间种套种对减少病虫害、杂草的发生为害也有一定的作用，如棉、麦间作对防治棉蚜有利，这是由于麦子的天敌可直接迁移到棉花上消灭蚜虫，并能防止棉蚜迁飞传播。再如春夏连片种植大白菜等十字花科蔬菜可在行间、田边种植一定数量的毛芋［白菜：毛芋=（10～15）：1］，可使斜纹夜蛾大量地集中在毛芋上产卵，孵化为小幼虫窝，加以集中消灭，从而大大减少斜纹夜蛾对十字花科蔬菜的为害，这是经农业生产实践可行的控制害虫为害的有效措施。

五、施用石灰

对于土壤偏酸性的地区，pH值<7，有利于细菌性青枯病和十字花科蔬菜根肿病的发生。在种植蔬菜前，结合翻地，每亩土施用50～100千克生石灰，以调节土壤酸碱度，消灭土壤里的病菌，可明显控制上述两种病害的发生。

六、中耕除草

稻田和菜田通过中耕除草，尤其是采用化学除草，不仅可消灭某些病害和害虫寄生的杂草（如稗草是大螟和稻纹枯病的中间寄主，小蓟和野生番茄是地老虎产卵的场所，清除了杂草可减轻病虫害的发生与传播），还能使作物生长、发育的环境得到改善，抑制病虫的发生和为害。如马铃薯适时中耕、培土可以防治疫病的病菌侵染地下块茎，减轻其为害。清洁田园，绑蔓上架，摘除病、老黄叶，深埋处理，对控制番茄灰霉病、菌核病、叶霉病、潜叶蝇、烟粉虱、茶黄螨和斜纹夜蛾等病虫害有重要作用。

七、合理施肥

合理施肥能改善作物营养条件，提高作物抗病虫的能力和减少因病虫为害损失的程度，是获得丰收、增产、增效的有力措施。缺肥、缺水的作物生长不良，使一些病虫，如水稻、茭白胡麻斑病和十字花科病毒病容易发生。在缺乏肥料、生长衰弱的植株上，由于含有较多的糖和蛋白质的水解产物，为蚜虫和螨等害虫提供了营养条件，常常促使这些害虫大量繁殖。因此，适当合理施肥可以减轻病虫害为害。施肥还可加快作物的生长发育速度，避开害虫盛期，可以加速虫伤部分的愈合。目前在水稻和蔬菜采用叶面肥（根外追肥），如蔬菜常用磷酸二氢钾、绿芬威和翠康生力液等叶面肥，促进叶绿素增加，使植株生长健壮，提高植株抗病能力。如果施肥不当或过多，也能营造病虫发生和繁殖的有利条件。偏施和过迟、过量施用氮肥，会造成作物枝叶徒长，组织软弱，常引起水稻白叶枯病和稻纹枯病，番茄灰霉病和晚疫病等发生。稻田氮肥多，水稻叶色浓绿，可招致稻飞虱、叶蝉和螟虫的为害。蔬菜偏施氮肥会引起植株疯长，造成开花结果少、产量低的不良后果。对于肥料带菌传播的病虫害，如油菜潜叶蝇的虫卵，甘薯黑斑病菌和杂草的种子，施用不带病菌、虫卵的腐熟肥料，可控制病、虫、杂草的传播来源。所以，应做到及时、合理、科学地施肥，注意氮、磷、钾的配合，也是防治病虫草害的有效措施。

八、科学排灌水

科学排灌水，可以使病虫生活环境发生很大的变化，特别是对于生存在土壤中、表土层及作物茎基部的害虫影响最大。如地老虎、蛴螬和蝼蛄等，灌水常常可以引起这些地下害虫大量死亡。南方菜区，在7—8月为高温季节，采用高温（使棚内温度达50～60℃），灌深水10厘米，闷棚3～5天的方法，让农田休闲一段时间（15天左右），可杀死土壤里多种病原菌和虫卵。

适当的排水晒田能降低田间的湿度，可使作物茎叶坚硬、挺拔，提高抗病力，并抑制病菌生长、繁殖，显著地减少病害。如浅水勤灌，适时适量地排水晒田，可以明显地抑制稻瘟病、纹枯病、白叶枯病和细条病等的发生蔓延。南方多雨季节，雨后及时排水，防止蔬菜淹水，可明显地减少根腐病、猝倒病、立枯病和枯萎病的为害。

第三节　设施栽培技术

设施栽培技术包括营养钵育苗，滴灌、地膜覆盖，大

（中、小）棚和温室保护栽培等内容。随着高新现代化蔬菜实施栽培的进展，人们也逐渐认识到其具有控制和减少蔬菜等作物发生为害的功能与作用。

一、地膜覆盖控害效应

地膜覆盖是在地面应用防寒保温或降温的一种专用塑料薄膜进行覆盖，薄膜厚度仅有0.01～0.015毫米的聚乙稀薄膜。地膜覆盖可在春寒天气实现提早栽培，或在夏季用来遮光、降温蔬菜栽培，它是一种简易覆盖的方法，对于解决早春和初冬的蔬菜供应起到了重要作用。地膜覆盖技术被广泛地应用于玉米、棉花、草莓、茄果、瓜类、芹菜和花菜等多种作物上。地膜覆盖栽培具有以下几方面的功能与效应。

1. 改善了作物生长的生态条件

地膜覆盖与露地栽培相比，使蔬菜等作物生长的土壤受到了地膜的保护，使其不直接受到强光的暴晒，暴雨的淋冲及风沙的侵袭，使土壤处于一个相对稳定的状态，从而改善了作物生长的生态条件。

2. 提高了土壤温度

提高了土壤温度，据测试，覆盖后土壤耕作层（地下5～10厘米）温度一般比露地提高2～4℃，浅土层的增温效果要比深土层更明显。

3. 改善了田间的光照条件

通过地膜吸光作用，可将部分阳光反射到蔬菜群体中去，使植株下部获得较好的光照条件，提高蔬菜等作物对光的利用率。

4. 具有保墒、提墒作用

地膜覆盖后，防止水分的直接蒸发，因而能保持均匀而稳定的土壤水分，起到保墒、提墒的作用。

5. 土壤速效养分增多

由于地膜覆盖有良好的热效应，有利于微生物的活动，加速了土壤中有机质的分解，使硝化作用旺盛，硝态氮增多，容易被作物利用。土壤中CO_2也明显增加，有利于蔬菜对养分的需要。

6. 有利于作物根系的生长，增加了作物抗病能力

地膜覆盖有一定的护根作用，蔬菜不易发生根部病害，如沤根、烂根等生理病害也会很少出现。地膜覆盖，特别是对青椒、番茄和西葫芦等蔬菜病毒病发生有十分明显的抑制作用。

7. 减少了杂草的为害

生产实践可证，蔬菜作物采用地膜覆盖栽培法，可显著控制和减少杂草发生与为害，控制草害率可达80%左右。尤其是应用杀草膜（地膜内含有除草剂的成分），将这种杀虫膜覆盖地面，除草剂从膜内析出，溶解在膜下的小水滴中，水滴滴在畦面上，形成一层覆盖药液层，杂草幼芽一出土接触药剂即可被杀死，确保蔬菜一生无草害。

二、蔬菜保护地营养钵育苗

随着蔬菜等作物反季节、周年生产、实施栽培技术的进展，人们对培育壮苗在蔬菜生产过程中作用的观念和意识越来越强。目前，在瓜类、茄果类和豆类等蔬菜生产过程中，大多

采用保护地营养钵育苗技术，无论是冬季还是夏季种植蔬菜均可以采用这项育苗技术，一般而言，冬季茄果、瓜类蔬菜生产采用保护地营养钵育苗其效应更加明显。冬季气温低，不能满足茄果、瓜类蔬菜种子发芽出苗对温度的需要，若采用露地育苗，几乎无法成苗，这就延误了冬季茄果、瓜类蔬菜的生产。而采用大棚温室苗床营养钵育苗，一则可充分利用其保温、提温、防寒的功能，使棚里白天温度控制在20～25℃，土温在15～18℃，夜间保持在15℃，以满足茄果、瓜类等蔬菜种子发芽、出苗生长对温度的需要，使种子发芽快，出苗和成苗率高，根系发育好，秧苗生长健壮，缩短秧苗时间（比露地育苗缩短20天左右），确保了冬季蔬菜生产对秧苗的需要和供应。二则利用营养钵的优质，无病虫卵，合理配方基质的效能，减少了基质带有病菌（虫卵）的概率，从而减少了幼苗期猝倒病、立枯病和根腐病等土传病害与地老虎等地下害虫发生与为害。

在蔬菜生产中，南方菜区7—8月种植芹菜、瓜类，采用保护营养钵育苗技术，主要是利用顶膜上直接覆盖遮阳网或将其换盖遮阳网降温的大棚功能，采用这项技术，可使棚里白天温度下降3～5℃，土温下降3～4℃，避免台风暴雨和强光直射对秧苗的不良影响，减少了烂根病和高温性萎蔫病为害，有利于培育壮苗，为夏季蔬菜生产提供充足的秧苗。

三、蔬菜大棚保护地栽培

大棚采用钢管立柱为支架，顶部用塑料薄膜覆盖，人可站立在其中进行各项农事操作。大棚栽培可在深秋、初冬和早春或寒冷地区播种育苗和定植，也可在秋后延长蔬菜的生长期。此外，尚可在高温季节揭去顶部薄膜，覆盖遮阳网进行避雨降温栽培，充分利用地力，提高土地的利用率和复种指数，做到蔬菜周年生产、上市。因此，大棚蔬菜生产栽培得到了广泛的发展。此外，大棚覆盖蔬菜栽培可控制多种生理性的低温和高温引起的生理性障碍病与烟粉虱的发生、为害。

1. 控制和减少茄果类蔬菜落花落果

早春温度偏低，尤其是花期，夜温在12～15℃，花粉管不伸长或伸长缓慢，难以正常授粉而落花。夏季，白天温度偏高，如白天高于34℃，夜间高于22℃或40℃高温持续达4时，则花粉管伸长明显高于花药筒，致子房萎蔫或雌雄蕊正常生理受到干扰，授粉不正常而落花。若早春（1—3月）露地蔬菜栽培，月平均气温均低于10～12℃，夏季7—8月，最高气温达36℃，有些年份高温天气持续时间较长，同样造成茄果类落花落果。而采用大棚冬季多层覆盖，使棚内白天温度在25℃左右，夜间在15℃以上，即能满足其花器的发育，大大减轻落花落果。夏季大棚顶膜改换内遮阳网，可使棚里气温下降3℃左右，同样可减少落花落果。

减少番茄高温障碍性萎蔫，夏季高温季节，露地栽培番茄或塑料大棚番茄，当白天温度高于35℃或40℃持续4时，夜间高于20～22℃，就会引起番茄高温性萎蔫病，叶片受害，初叶绿色褪色或叶缘呈漂白状，后变黄色，病叶呈烧伤状，终致植株永久萎蔫或干枯，而夏季大棚种植番茄，可将顶膜换为遮阳网，使棚里温度下降3℃，也可减轻这种高温性障碍病。

2. 防止黄瓜低温障碍病

黄瓜属喜温性蔬菜，耐寒力弱，生长发育适温，白天需28～32℃，夜温需15℃左右，如浙南地区冬春往往会出现零下1～3℃的低温天气，对黄瓜生长非常不利，即出现低温性障碍发生病害，轻者叶片发黄，植株呈开水烫过似的萎蔫状，重者植株冻死。

而采用大棚栽培，多层覆盖保温措施，使棚里白天和夜间温度均能适应黄瓜生长、发育的需要，即可控制、减少黄瓜低温性障碍病的发生与为害。

3. 防止番茄低温性障碍病

番茄起源于热带，气温低于13℃时，不能正常坐果，夜温低于15℃时会造成落花落果，气温在10℃或低于10℃易发生冻害，长时间低于6℃即发生低温性障碍病，叶片暗绿无光，叶背向上反卷，叶片萎蔫干枯，顶芽生长点受冻呈萎蔫状，低温时间长，植株将死亡。浙江各地冬春低温天气不能满足番茄生长发育需要，如不采用大棚栽培，番茄低温性障碍发生严重，甚至不能种植番茄。而采用大棚多层覆盖栽培，即使在寒冷的冬季，也能基本满足其生长发育的需要，有效地防止番茄低温性障碍病。

4. 防止黄瓜沤根病

沤根（病）是黄瓜育苗期常见的一种低温性生理病害，根部老根腐朽，不能发新根，幼根表面呈锈褐色而后腐烂，致使地上部叶片变黄，严重的萎蔫枯死，幼苗极易拔起，这是由于低温（地温低于12℃）持续时间长，连阴雨天气，光照不足等因素而引起的。而冬春采用大棚保护地育苗、定植，使棚内地温高于12℃，即可有效地防止黄瓜沤根（病）。

5. 控制黄瓜花打顶

黄瓜花打顶的症状表现为：黄瓜的生长顶端形成花的器官，花开后，瓜条停止生长，顶部结出成串无价值的小瓜，植株矮小，停止生长，基本上无产量。据有关资料报道和生产实践证明：黄瓜花打顶主要病因是由于早春低温（地温低于10℃）而引起的。克服和防止黄瓜花打顶的发生与为害的主要措施之一，是采用大棚保温栽培技术。

6. 防止化瓜现象

黄瓜、瓠瓜、西葫芦等瓜类均属雌雄异花同株，异花授粉植物，早春栽培若遇到低温（气温低于12℃），妨碍受精则产生化瓜现象，即雌花子房形成的瓜纽（小瓜）萎蔫脱落，早春露地栽培，黄瓜、瓠瓜、西葫芦，如遇到低温阴雨天气，“花而不实”的现象普遍发生，即只见脱落的发黄小瓜，而少见成熟的大瓜，严重影响其产量。而推广、应用大棚保护地栽培，可明显提高昼夜棚内温度和土温，促进雄花花粉的形成及其授精，有效地防止瓜类化瓜现象，从而提高瓜类产量和品质。

第七章 精准施药技术

第一节 确定用药量和浓度

一、农药和配料取用量的计算

农药的用量要根据其剂型的有效成分含量来计算。在商品农药的标签和说明书中，一般均标明该药剂的有效成分含量。我国的农药商品均直接用百分数（%）标明含量，国际上采用统一的代码和数字表示。

使用农药前应仔细看商品标签或说明书，一方面可避免误用，另一方面可看清有效成分含量，避免错配。有许多农药虽使用同一名称，但有多种规格，如不注意就容易用错。近年来进口农药很多，更应注意。在进口农药中有效成分的浓度、含量常采用另外一种表示方法。例如，溴氰菊酯（Dtcts，即敌杀死）的3种剂型，即

Decis EC：25克/升（乳油：25克/升）

ULV Concentratc：10克/升（超低容量油剂：10克/升）

GR：0.5克/千克（粒剂：0.5克/千克）

分别用每升（升）制剂或每千克（千克）制剂中所含的有效成分量来表示。这种表示方法一目了然，不易出错。我国习惯用的百分浓度表示法则比较容易出错，用户在购买农药时必须注意。

农药的取用量可根据标签上标明的含量来计算，其计算公式为：

农药制剂取用量（升）=每公顷需用有效成分量（克）÷制剂中的有效成分含量（克/升）

配制农药所用的配料（稀释剂）最常用的是水。当农药用量确定后，水的取用量同喷雾量有关。这里最容易出的差错是预期喷雾量和实际喷雾量不一致，从而导致田间实际用药量发生变化。例如，预期每公顷用药量为750克，喷雾量为75升水。配制成药液后，结果不够喷或者药液有多余而喷到别的地块上去了，就会导致用药量额外增加或一部分田块受药少而另一部分受药多。因此，水的用量要根据田间作物生长状况来认真确定。这种情况与使用人员的实践经验也有关。在没有经验的情况下，应先进行喷雾量试喷（用清水喷雾），根据确定的喷雾量调节喷雾时的行进速度，把行进速度控制在刚好能把所需药水量基本喷在农田中。

二、农药浓度的表示方法

农药使用前需配制成具有一定浓度的药液，便于在田间喷洒。这种使用浓度通常包括有效浓度和稀释浓度两种，前者是指农药的有效成分稀释液，用百分浓度和百万分浓度来表示，后者指农药制剂的稀释液，一般用倍数法表示。

1. 百分浓度

百分浓度是指，一百份药液中含有效成分的份数。它又分为质量百分浓度和容量百分浓度。固体之间或固体与液体之间的配药常用质量百分浓度，液体之间的配药常用容量百分浓度。

2. 百万分浓度

百万分浓度，用毫克/千克或10^{-3}毫升/升表示，指百万份药液中所含的有效成分的份数。常用于浓度很低的农药。

3. 倍数法

药液（或药粉）中稀释剂（水或填充料等）的量与原药量的比数（也称倍数）。倍数法如不注明按容量稀释，则均按质量稀释。这两种稀释之间的差异随着稀释倍数的增大而减小。在实际应用中，倍数法又分为内比法和外比法两种。

（1）内比法适用于稀释倍数在100以下的情况，计算时要扣除原药剂所占的一份。例如，稀释80倍时，即用原药剂1份加稀释剂79份。

（2）外比法适用于稀释倍数在100倍以上的情况，计算时不必扣除原药剂所占的一份，例如，稀释500倍即用原药剂一份加稀释剂500份。

三、农药的稀释方法

农药正确的稀释方法是保证药效的一个重要方面，许多农民在配制农药药液时忽视了这一环节，不仅降低了药效，还造成人力、农药的巨大浪费。不同剂型的农药，其稀释方法是不同的。

1. 液体农药的稀释方法

根据药液稀释量的多少及药剂活性的大小而定。防治用液量少的可直接进行稀释，即在准备好的配药容器内盛放好所需用的清水，然后将定量药剂慢慢倒入水中，用小木棍轻轻搅拌均匀，便可供喷雾使用。如在大面积防治中需配制较多的药液量，需采用两步配制法，其具体做法是先用少量的水将农药稀释成母液，再将配制好的母液按稀释比例倒入准备好的清水中，不断搅拌直至均匀。

2. 可湿性粉剂的稀释方法

通常也采取两步配制法，即先用少量水配成较浓稠的母液，进行充分搅拌，然后再倒入药水桶中进行最后稀释。这种方法可保证药剂在水中分散均匀。因为可湿性粉剂如果质量不好，粉粒往往团聚在一起成较大的团粒，如直接倒入药水桶中配制，则粗粒团尚未充分分散便立即沉入水底，这时再行搅拌就比较困难。两步配制法需要注意的问题是，所用的水量要等于所需用水的总水量，否则，将会影响预期配制的药液浓度。

3. 粉剂农药的稀释方法

一般粉剂农药在使用时不需稀释，但当作物植株高大、生长茂密时，为使有限的药粉均匀喷洒在作物表面，可加入一定量的填充剂进行稀释。

具体方法如下。

（1）取一部分填充料，将所需的粉剂混入搅拌均匀。

（2）再取一部分填充料加入搅拌，这样反复添加，不断搅匀，直至所需用的填充料全部加完。

粉剂在稀释时操作者必须做好安全防护措施，穿戴好长裤、口罩、橡胶手套等，同时，操作现场必须冲洗，以免污染环境。

4. 颗粒剂的稀释方法

颗粒剂其有效成分较低，大多在5%以下，因此，颗粒剂可借助于填充料稀释后再使用。可采用干燥均匀的小土粒或化学肥料作填充料，使用时只要将颗粒剂与填充料充分拌匀即可。但在选用化学肥料作为填充料时应注意农药和化肥的酸碱性，避免混后引起农药分解失效。

第二节　农药的混合调制

一、液态制剂的混合调制

一般来说，只要掌握好药剂的性质，参照有关资料即可进行混合配制。但是，由于我国还有不少农药的剂型尚未标准化或产品质量不合格，在实际进行混配之前仍应仔细了解药剂的性质，甚至还须进行必要的试验。例如，我国生产的一种菊马合剂乳油不能与百菌清可湿性粉剂混配，否则就会出现絮结现象。这是两种剂型之间的变化，而两种有效成分并没有发生什么变化，但制剂絮结后会影响喷雾和防治效果。

另外，有一些比较特殊的情况，在混合调制时应注意操作程序。

1. 碱性药物与易在碱性条件下分解的药剂的混合

有一些是允许临时混合、随配随用的。例如，石硫合剂是最常用的一种碱性药剂，它与敌百虫可以随配随用。但在调制时要注意以下几点。

（1）两种农药必须分别先配制等量药液，这时应把浓度各提高1倍，这样当两液相混时，在混合液中的浓度刚好达到最初的要求。

（2）混合时应把碱性药液（石硫合剂）向敌百虫水溶液中倒，同时进行迅速搅拌。这样，混合液的氢离子浓度降低（即pH值增加）比较缓慢。

（3）敌百虫的结晶容易结块，比较难溶，往往需要用热水或加温来促使其溶解。这样得到的溶液是热溶液，必须使它充分冷却之后再与石硫合剂溶液混合，因为敌百虫的碱性分解在受热的情况下速度显著加快。碱性药剂较常用的还有波尔多液以及松脂合剂等。松脂合剂的碱性更强。

2. 浓悬浮剂的使用

几乎没有一种浓悬浮剂不存在沉淀现象，即在存放过程中上层逐渐变稀而下层变浓稠。国产的一些浓悬浮剂有些还发生下层结块的现象，一般的振摇或用棍棒搅拌都很难使之散开。因此，使用此种制剂配制药液时，必须采取两步配制法。

首先必须保证浓悬浮剂形成均匀扩散液。在搅散浓悬浮剂沉淀物时，如果整瓶药要一次用完，可以用水帮助冲洗。但如一次用不完整瓶药，则必须用棒或其他机械办法把沉淀物彻底搅开，并彻底搅匀后再取用。否则，先取出的药含量低而剩余的药含量增高，使用时就会发生差错。这一点在使用浓悬浮剂时必须十分注意。用水冲洗浓悬浮剂沉淀物时，必须把冲洗用水计算在总用水量中。

3. 可溶性粉剂的使用

可溶性粉剂都能溶于水，但是溶解的速度有快有慢。所以不能把可溶性粉剂一次投入大量水中，也不能直接投入已配制好的另一种农药的药液中，必须采取两步配制法。即先配制小水量的可溶性粉剂溶液，再稀释到所需浓度；或先配成可溶性粉剂的溶液，再与另一种农药的喷雾液相混合。在配制过程中也必须注意记录水的取用量。

二、粉剂的混合调制

粉剂的混合，如果没有专门的器具，比液态制剂更难于混合均匀。用户如需进行较大量的粉剂混合，最好利用专用的混合机械，这种器械必须能加以密闭，使粉尘不易飞扬，比较安全，混合的效果也好。在露地上用木锨或铁锨拌和，很难做到混合均匀，而且粉尘飞扬，危险性很大。

进行小量粉剂的混合时，可以采取下述方法。

1. 塑料袋内混合

先用密封性能良好的比较厚实的塑料袋，把所需混合的粉剂分别称量好以后放到塑料袋内，把袋口扎紧封死。注意一定要在袋内留出约1/3的空间。把塑料袋放在平整的地面或桌面上，从不同方向加以揉动，使袋内粉体反复流动，最后把塑料袋捧在手中上下、左右抖动，使粉尘在袋内翻腾起来。如此处理，可以使粉剂得到充分混合。

2. 分层交叉混合

对于体积较大、不便在塑料袋内一次混合的粉剂，可采取本法。选择平整的地面，铺上足够大的塑料布（须在避风处进行操作）。把准备混合的两种粉剂称量好。用木锨或边缘钝滑的金属锨或塑料把粉剂铺到塑料布上，按如下步骤操作。

（1）两种粉剂分层铺到塑料布上。一层甲种粉剂一层乙种粉剂，层次越薄越好。

（2）用锨把药粉翻拌均匀，然后把粉堆划分为4块。

（3）把对角交叉的两块粉堆分别互相混合，混成一体后，再分为交叉的4块，如上法重复处理一遍。如此处理，次数越多则混合越均匀。

（4）最后形成的混合粉体，可分成若干份，用塑料袋混合法加以振动混合，则可使粉粒充分分散、混合均匀。

采用分层交叉混合方法时，因为粉体是暴露在空气中的，不可能没有粉尘飞扬，所以必须佩戴风镜、口罩等防护用品。

第三节　掌握喷雾技术

一、选择合适的喷雾法

用喷雾机具将液态农药呈雾状分散体系喷洒的施药方法称为喷雾法。根据喷雾机具、作业方式、施药液量、雾化程度、雾滴运动特性等参数，可以分为各种各样的喷雾方法。

（一）根据喷雾机具及所用动力分类

对于大多数农药使用者来讲，更习惯根据喷雾机具及所用的动力来把农药喷雾技术进行分类。根据喷雾机及所用的动力可以把喷雾技术分为手动喷雾法、背负机动风送喷雾法、大田喷杆喷雾法、手持电动圆盘喷雾法、飞机喷雾法和果园喷雾法等。

（二）根据施药液量分类

喷雾过程中施药液量的多少大体是与雾化程度相一致的。采用粗雾喷洒，就需要大的施药液量；而采用细雾喷洒方法，就需要采用低容量或超低容量喷雾方法。

1. 大容量喷雾法

每公顷施药液量在600升以上（大田作物）或1 000升以上（树木或灌木林）的喷雾方法称大容量喷雾法，也称常规喷雾法或传统喷雾法。大容量喷雾方法的雾滴粗大，所以也称粗喷雾法。大容量喷雾法是采取液力式雾化原理，使用液力式雾化部件（喷头）进行喷雾的，适应范围广，在喷洒杀虫剂、杀菌剂、除草剂等作业时均可采用，是我国应用最普遍的方法。但采用大容量喷雾法田间作业时，粗大的农药雾滴在作物靶标叶片上极易发生液滴聚并，引起药液流失，致使农药利用率水平较低。

2. 中容量喷雾法

每公顷施药液量在200～600升（大田作物）或500～1 000升（树木或灌木林）的喷雾方法。中容量喷雾法与大容量喷雾法之间的区分并不严格。中容量喷雾法是采取液力式雾化原理，使用液力式雾化部件（喷头）进行喷雾的，适应范围广，在喷洒杀虫剂、杀菌剂、除草剂等作业时均可采用。中容量喷雾法田间作业时，农药雾滴在作物靶标叶片上也会发生重复沉积，引起药液流失，但流失现象比大容量喷雾法轻。

3. 低容量喷雾法

每公顷施药液量在50～200升（大田作物）或200～500升（树木或灌木林）的喷雾方法。低容量喷雾法雾滴细、施药液量小、工效高、药液流失少、农药有效利用率高。

对于机械施药而言，可以通过控制药液流量调节阀、机械行走速度和喷头组合等实施低容量喷雾作业；对于手动喷雾器，可以通过更换小孔径喷片等措施来实施低容量喷雾；另外，采用双流体雾化技术，也可以实施低容量喷雾作业。

4. 很低容量喷雾法

每公顷施药液量在5～50升（大田作物）或50～200升（树木或灌木林）的喷雾方法。很低容量喷雾法和低容量喷雾法之间并不存在绝对的界线。很低容量喷雾法工效高、药液流失少、农药有效利用率高，但容易发生雾滴飘移。其雾化原理可以是液力式雾化，通过更换喷洒部件实施；也可以是低速离心雾化原理；采用双流体雾化技术，也可以实施很低容量喷雾作业。

5. 超低容量喷雾法

每公顷施药液量在5升以下（大田作物）或50升（树木或灌木林）以下的喷雾方法，雾滴直径小于100微米，属细雾喷洒法。其雾化原理是采取离心雾化法或称转碟雾化法，雾滴直径决定于圆盘（或圆杯等）的转速和药液流量，转速越快雾滴越细。超低容量喷雾法的施药液量极少，必须采取飘移喷雾法。由于超低容量喷雾法雾滴细小，容易受气流的影响，因此施药地块的布局以及喷雾作业的行走路线、喷头高度和喷幅的重叠都必须严格设计。同时，由于超低容量喷雾法雾滴细小，在达到作物靶标前易蒸发飘失，应选用油剂农药。

（三）根据喷雾方式分类

在喷雾作业时，人们利用各种各样的技术手段，或者使雾滴直接沉积到靶标表面，或者利用雾滴的飘移作用增加喷幅，或者把流失的雾滴回收重新利用。

1. 飘移喷雾法

利用风力把雾滴分散、飘移、穿透、沉积在靶标上的喷雾方法称为飘移喷雾法。飘移喷雾法的雾滴按大小顺序沉降，距离喷头近处飘落的雾滴多而大，远处飘落的雾滴少而小。雾滴越小，飘移越远。据测定直径10微米的雾滴，飘移可达千米之远。而喷药时的工作幅宽不可能这么宽，每个工作幅宽内降落的雾滴是多个单程喷洒雾滴沉积累积的结果，所以飘移喷雾法又称飘移累积喷雾法。飘移喷雾法可以有比较宽的工作幅宽，比常规针对性喷雾法有较高的工作效率并减少能量消耗。在防治突发性、暴发性害虫中能够起到重要作用。其缺点是喷施的小雾滴容易被自然风吹离目标区域以外而飘失。超低量喷雾机在田间作业时须采用飘移性喷雾法。

2. 定向喷雾法

同飘移喷雾法相对的喷雾方法，指喷出的雾流具有明确的方向性。取得定向喷雾可以采取如下措施。

（1）调整喷头的角度，使喷出的雾流针对农作物（靶标）而运动，手动或机动喷雾机利用这一方法进行定向喷雾。

（2）强制性的定向沉积，利用适当的遮挡材料把作物或杂草覆盖起来而在覆盖物下面喷雾，使雾滴直接沉积到下面的杂草或作物上。

3. 针对性喷雾法

针对性喷雾是定向喷雾的一种，即通过配置喷头和调整喷雾角度，使雾滴沉积分布到作物的特定部位。

4. 置换喷雾法

对株冠层大而浓密的果园喷雾，雾滴很难直接沉积到冠层内部的叶片上，利用风机产生的强大气流裹挟雾滴进入冠层内，置换株冠层内原有空气而沉积在株冠层内的喷雾方法。农药沉积分布均匀，农药有效利用率高，可以实现低容量喷雾，省工省时，但必须通过风送式果园喷雾机实现。

5. 静电喷雾法

通过高压静电发生装置使雾滴带电喷施的喷雾方法。静电喷雾法的工作原理可分为药液液丝充电、带电后雾滴碎裂和带电雾滴在靶标表面沉积三部分。带电雾滴与不带电雾滴在作物表面上的沉积有显著差异。由于静电作用，带电雾滴在一定距离内对生物靶标产生撞击沉积效应，并可在静电引力的作用下沉积到叶片背面，将农药有效利用率提高到90%以上。节省农药，并消除了雾滴飘移，减少对环境的污染。静电喷雾需要静电喷雾机和专用的油剂，其缺点是带电雾滴对高郁闭度作物株冠层的穿透力较差。

静电喷雾作业受天气的影响相对较小，早晚和白天均可进行喷雾，适用于有导电性的各种农药制剂。但是静电喷雾器需要有产生直流高压电的发生装置，因而机器的结构比较复杂，成本也就比较高。

6. 循环喷雾法

利用药液回收装置，将喷雾时没有沉积在靶标上的药液进行回收并循环利用的喷雾技术。可以提高农药利用率，减轻环境污染。其工作原理是在喷洒部件的对面加装单个或多个雾滴回收（或回吸）装置，回收的药液聚集在单个或多个集液槽内，经过滤后再输送返回药液箱。

循环喷雾在果园风送液力喷雾上发展比较成熟，已经有多种样机在生产上使用。循环喷雾方法需要的喷雾机具复杂，防治成本高。

7. 精准喷雾

利用现代信息识别技术确定有害生物靶标的位置，通过控制技术把农药准确地喷洒到有害生物靶标上的喷雾技术。精准喷雾技术可通过以下两种方法实现：一是全球定位系统（GPS）和地理信息系统（GIS）的应用，施药者能准确确定喷杆喷雾机在田间的位置，保证喷幅间衔接，避免重喷、漏喷；二是基于计算机图像识别系统采集和分析计算杂草特征，根据有害生物靶标的有无控制喷头的开关，做到定点喷雾。

二、手动喷雾器的使用

1. 喷头的选择对防治效果影响大

喷头是手动喷雾器具最为重要的部件之一，是关系施药效果的关键因素。它在农药使用过程中的作用包括：计量施药液量、决定喷雾形状（如扇形雾或空心圆锥雾）和把药液雾化成细小雾滴。

（1）扇形雾喷头。药液从椭圆形或双突状的喷孔中呈扇面喷出，扇面逐渐变薄，裂解成雾滴。扇开雾头所产生的雾滴大都沉积在喷头下面的椭圆形区域内，雾滴分布均匀，主要用于安装在喷杆上进行除草剂的喷洒。也可喷洒杀虫剂或杀菌剂用于作物苗期病虫害的防治。喷除草剂或做土壤处理时，喷头离地面高度为0.5米；喷杀虫剂、杀菌剂和生长调节剂时，喷头离作物高度0.3米。采用顺风单侧平行推进法喷雾，严禁将喷头左右摆动。首先将扇形喷头的开口方向调整到与喷杆方向垂直，施药时手持喷杆与身体一侧保持一定距离（以直线前进时踩不到施药带为宜）和一定高度，直线前进即可。

（2）空心圆锥雾喷头。空心圆锥雾喷头的喷孔片中央部位有1喷液孔，按照规定。这种喷头应该配备1组孔径大小不同的4个喷孔片，它们的孔径分别是0.7毫米、1.0毫米、1.3毫米和1.6毫米，在相同压力下喷孔直径越大则药液流量也越大。用户可以根据不同的作物和病虫草害，选用适宜的喷孔片。由于喷孔的直径决定着药液流量和雾滴大小，操作者切记不得用工具任意扩大喷片的孔径，以免破坏喷雾器应用的特性。用于喷洒杀虫剂和杀菌剂等，适用于作物各个生长期的病虫害防治，不宜用于喷洒除草剂。施药时应使喷头与作物保持一定距离，避免因距离过近直接喷洒而造成药液流淌、分布不均匀等现象。采用顺风单侧多行交叉“之”字形喷雾方法，确保施药人员处在无药区。

（3）可调喷头。可根据不同防治对象，旋转调节喷头帽而改变雾锥角和射程，但调节喷头对其雾化质量有很大影响。随着旋转喷头帽角度的增大，雾滴直径将显著变粗，甚至变成水柱状，此时虽可进行果树施药，但农药流失量大，浪费严重。此喷头的流量大，主要用于喷洒土壤处理型除草剂和作物基部病虫害的防治。

影响除草剂效果。另外，在施药人员施药时药液还容易从药箱上口溅出来。滴到施药人员身上，所以药箱中的药液一定不要加太满。

2. 手动喷雾器的清洗

喷雾器等小型农用药械在喷完药后应立即进行清洗处理，特别是剧毒农药和除草剂，要立即将药械桶内清洗干净，否则导致残留在药桶内对农作物或蔬菜产生毒害、药害。

三、机动喷雾器的使用

（一）启动与停机

启动之前，把机器放在平稳牢固的地方，确定无旁观人员。在接近汽油、煤气等易燃物品的地方不要操作本机。

1. 启动前的检查

（1）新机开箱后，对照装箱清单检查随机零件是否齐全，并检查各零部件安装是否正确牢固。

（2）检查火花塞各连接处是否松脱，火花塞两电极间隙是否符合要求，火花塞是否正常。

（3）将启动器轻轻拉动几次检查机器转动是否正常。

2. 冷机启动

（1）将静电开关置于“关”位置。

（2）将化油器上阻风门置于全开位置。

（3）轻轻拉出启动绳，反复拉动几次，使混合油进入箱体。注意启动绳返回时，切不可松手，应手握启动器拉绳手柄让其自动缩回，以防损坏启动器。

（4）将化油器阻风门置于全闭位置，再用力拉动启动绳。

（5）发动机启动后，将阻风门置于全开位置，让机器低速运转3～5分钟后，再将油门置于高速位置进行喷洒作业。

3. 热机启动

（1）发动机在热机状态下启动时，应将阻风门置于全开位置。

（2）启动时，如吸入燃油过多，可将油门手柄和阻风门置于全开位置，卸下火花塞，拉动启动绳5～6次。将多余的燃油排出，然后装上火花塞，按前述方法启动。

4. 停机

（1）将油门手柄松开即可。

（2）喷雾时，先关闭药液开关再停机。

注意：启动后和停机前必须空转3～5分钟，严禁空载高速运转，防止汽油机飞车造成零件损坏或出现人身事故。严禁高速停车。

（二）喷雾作业

1. 喷雾作业前的准备

（1）加药液前，先加入清水试喷一次，检查各处有无渗漏。

（2）加药时应先关闭输液开关，加液不可过急、过满以防外溢。

（3）药液必须干净，以免堵塞喷嘴。

2. 喷雾作业

启动机器后背起机器，调整操纵手柄，使汽油机稳定在额定转速左右，打开输液开关，用手摆动喷管即可进行喷雾作业。在一段长时间的高速运转后，应使机器低速运转一段时间，以使机器内的热量可以随着冷空气驱散，这样有助于延长机器使用寿命。

（1）控制单位面积喷量，可通过调量阀完成，位置1喷量最小，位置4喷量最大。

（2）控制单位面积喷量，除用调量阀进行速度调节外，还可以转动药液开关角度，改变药液通道截面来调节。

（3）喷洒灌木可将弯管向下，防止药液向上飞。

（4）由于雾滴极细，不易观察喷洒情况，一般认为植物叶子只要被吹动，证明药液已到达了。

第八章 绿色防治技术

第一节 种子处理技术

一、汰选法

汰选法就是利用健全的种子（种苗）与带有病菌、虫卵的种子（种苗）在形态、大小和比重的差异以及混杂在种子内的杂草种子，进行分离，剔除带有病虫的种子（种苗）与杂草种子，以达到防治的目的。

汰选种子（种苗），可以用目测、手选、器械选和水洗。手选适用于较大的种子（种苗），如手选大豆、花生种子；目测蔬菜幼苗，剔除病虫黄苗，选植健壮幼苗；利用风车和筛可把夹杂在种子的病原菌、虫卵、杂草种子与杂质剔除。水选是利用带有病、虫的种子比健全种子轻的原理，用水淘除的方法，水选可分为清水选、泥水选和硫酸铵水选等，例如，汰选水稻种子，一般是50千克清水加入15～20千克黄泥，充分搅拌，用盐或硫酸铵加入10千克，搅拌溶解为溶液，然后用波美比重计测量为1.08～1.10波美度，或以鸡蛋放入溶液中，能使鸡蛋浮出水面的部分约有稍大于一角硬币的面积，这样的溶液比重适合汰选种子，选种后必须用清水洗净谷种，以免影响发芽率。

二、热力处理法

热力处理法就是利用一定热力，杀死种子内外的病虫而不影响种子发芽，常用的有日光晒种、热水浸种和冷浸日晒等方法。

日光晒种可使病虫致死，粮食充分日晒干燥，可避免贮藏期种子发霉生虫，驱避棉花内的红铃虫等害虫。

根据种子耐热力高于病菌致死高温的特点，控制一定的温度，在一定的时间内处理种子，这样既不伤害种子，又可杀死潜伏在种子内部的病菌，这种方法是防治水稻、蔬菜、麦类和棉花病害的重要措施之一。例如，水稻种子用冷水温汤浸种，可将谷种在冷水中预浸24时，促使种子内外病菌萌动，减弱其抵抗力，再放入45～47℃温水中浸5分钟，逐步提高种子温度，最后放入54～55℃温水中浸10分钟杀菌，取出再放入冷水冷却，然后浸种催芽，也有用恒温处理。即可把稻种和蔬菜种子直接放入55℃温水中浸10分钟，取出用冷水冷却，然后，浸种催芽。温水浸种必须严格掌握水温和浸种时间。冷浸日晒是北方地区用来防治小麦种子带菌的一种方法。

第二节　物理防治技术

一、诱杀法

诱杀法是利用害虫的趋性（趋光性、趋化性）或某些特殊的生活习性设计诱集器或性诱剂进行诱杀害虫。诱杀法不仅可直接消灭害虫，还可预测害虫发生的动态，这种方法在实际应用上又分为灯光诱杀、食饵诱杀、粘虫板诱杀和性激素诱杀。

（一）灯光诱杀

灯光诱杀是根据昆虫具有趋光性的特点，利用昆虫敏感的特定光谱范围的诱虫光源，诱集昆虫并能有效杀灭昆虫，降低病虫指数，防治虫害和虫媒病害的专用装置。主要用于害虫的杀灭，减少杀虫剂的使用。

灯光诱杀的工具是频振式杀虫灯（图8-1），挂灯时间一般在4—10月，在害虫成虫发生期，每30～60米设一盏佳多频振式杀虫灯，佳多频振式杀虫灯采用光、波、色、味专利技术采用远距离用波，近距离用光源再配上特定颜色和气味引诱金橘潜叶蛾成虫扑打灯外配以频振高压电网触杀害虫，使害虫落入灯下的接虫袋中。其对多种趋光性害虫诱获量大、始见期早、准确及时，能如实反映害虫各代的成虫发生期，测报性能优于黑光灯，也是一种准确预测预报各种害虫发生期和发生量的较好测报工具。频振式杀虫灯诱杀数量大、应用范围广、面积大。诱杀害虫种类广泛，包括鳞翅目、鞘翅目、直翅目、半翅目、同翅目、膜翅目、双翅目、广翅目、毛翅目、革翅目、蜚蠊目等13个目的1 287余种害虫。

图8-1　农田中的频振式杀虫灯

（二）食饵诱杀

食饵诱杀，利用害虫的趋化性采诱或诱集害虫。例如，糖酒醋液诱杀地老虎的成虫（蛾子），用红糖3份、醋3份、白酒1份、水10份混合后按1∶1 000混配。加入敌百虫或敌敌畏乳剂，置于盆钵里，在小地老虎成虫盛放期，放于田间可诱导到大量的蛾子。在棉区棉铃虫成虫盛放期，将3～5枝新鲜的杨柳枝扎成把，于傍晚放于棉田里，可诱集到大量棉铃虫成虫（2天换1次）。再如，用敌百虫药液浸渍薯片诱杀甘薯小象甲成虫，用炒香的米糠、玉米，加少许敌百虫，于傍晚撒于蝼蛄、蟋蟀和地老虎活动取食的场所，可诱杀致死大量的地下害虫。

（三）粘虫板诱杀

粘虫板是属于高效环保型捕虫板，根据害虫的趋黄色、趋蓝色特性原理，将捕虫板上涂上环保专用胶，当害虫撞击捕虫板时，捕虫板的黏胶将其粘住，不能活动和取食。经不久（1～2天），害虫因黏着失去活力而饥饿死亡，从而达到治虫的目的（图8-2）。

图8-2　农田中的粘虫板

粘虫板可诱杀多种小型害虫，主要有同翅目的各种蚜虫、烟粉虱、白粉虱、梨木虱，缨翅目的蓟马，双翅目的美洲斑潜蝇、豌豆潜叶蝇和双翅目的瓜类果实蝇等害虫。

粘虫板的使用方法如下。

（1）板量。大棚内按每亩放置20～25个大型板（40厘米×25厘米），30个左右中型板（25厘米×20厘米），或小型板

（15厘米×25厘米）40个左右，并均匀分布。

（2）用塑料绳或细铁丝一端固定在温室或大棚顶端，另一端扎在捕虫板顶留孔，现代温室也可直接粘在立柱上，粘虫板放置的高度一般应与作物在同一水平面上或稍高于作物。

（3）用竹竿或铁棍下端插入地里，将诱虫板固定在竹竿或铁棍上端。

（4）当粘虫板上的粘虫面积达60%以上时，粘虫效果下降，应及时清除粘板上的害虫或更换粘虫板，当粘虫板粘胶不粘时也应及时更换。

（四）性激素诱杀

性激素诱杀是通过人工合成雌虫在性成熟后释放出一些称为性信息素的化学成分，吸引田间同种类寻求交配的雄虫，并将其诱杀于诱捕器内，具有高度的专一性，诱杀效果较好（图8-3）。

图8-3　农田中的诱捕器

1. 诱捕器制作

（1）诱捕器及安置。诱捕器以口径为8厘米的透明诱集瓶为宜，取性诱芯1粒，用细铅丝固定在瓶上方1厘米左右的中心处，瓶内灌肥皂水离瓶口2厘米，将诱集瓶固定的木棒上，分别安置于诱测区域，在一个诱测区域，应放置同一性诱芯诱捕器3个，各诱捕器相距40米左右（可采用直线或等边三角形），不同性诱芯应分开放置，以免互相干扰。一般情况下，性诱芯10天更换1次，在高温干旱气候时，7天更换1次，应保持诱捕器中水量，勤换肥皂水。

（2）诱捕器的制作。用废弃可乐瓶制作诱捕器，在每个瓶口1/3处等距离剪4个方位，分别剪2厘米×2厘米口径上下对称的孔口计8个，瓶内分别装小量洗衣粉（或肥皂）水，高度接近诱芯，每个诱捕器放诱芯1枚，诱芯的位置与孔口在同一水平线。

2. 诱捕器投放密度及地点

集中连片地可减少诱捕器使用数量，3~10亩用1只或50米间距1只；三角交叉排列，可在保证防效的前提下大大降低成本，投放地点以菜地上风口处为宜。

3. 诱捕器悬挂高度

以3米为宜，大棚基地可挂在棚梁下，或用竹竿悬挂，也可挂在菜地附近建筑物顶或窗外。

4. 适时清理诱捕器的死虫

诱捕器下面盛虫瓶最好每天1换，不超过2天，收集的死虫不要倒在田间，可作饲料。

5. 夜挂昼收

夜挂昼收可延长诱芯使用寿命，每天换瓶时可把诱捕器收起放于阴凉处。

6. 及时更换诱芯

每4～6周需要更换诱芯，以提高诱虫效果。

二、遮阳网

遮阳网是以聚烯烃为主要原料，经拉丝编织而成的塑料网，是继农膜之后又一重要新型覆盖材料。遮阳网覆盖栽培在南方发展较快。近几年北方地区将遮阳网与大棚结合起来，对大棚蔬菜夏季早秋的育苗及栽培起到了很好的作用（图8–4）。

图8–4　遮阳网

1. 遮阳网的作用及效益

遮阳网的作用主要有5个方面：①遮强光、降高温，一般遮光率可达35%～75%，伴随着显著的降温效果；②防暴雨、抗雹灾；③减少蒸发，保墒防旱；④保温、防寒、防霜冻。根据试验，冬春季节夜间覆盖可比露地提高气温1～2.8℃；⑤避害虫、防病害，利用银灰色遮阳网覆盖，避蚜效果为88.8%～100%，防病效果为88.9%～95.5%。此外，还具有培育壮苗，防止菜苗徒长的作用。

2. 遮阳网覆盖形式和应用

利用大棚架覆盖遮阳网，可以按大棚的覆盖宽度将遮阳网缝合好，直接盖在棚顶部，用压膜槽将网固定在棚顶部，网两侧离地面近1米有利通风，网边缘有绳子固定于骨架、塑料薄膜大棚上也可覆盖遮阳网，这种形式遮光和防雨效果较好。

（1）大棚覆盖遮阳网。栽培喜光的茄瓜豆类用银灰色遮阳网为宜，用作育苗和栽培喜弱光的叶菜，如小白菜、菠菜、大白菜、甘蓝、花菜和萝卜等，则以黑色遮阳网为好，进行育苗，后期要卷起网以利炼苗。

（2）小拱棚遮阳网覆盖。菜畦宽约1.2米，每隔5～6米插1条2米长的拱竹（宽2厘米）。拱竹与畦向垂直，入土两边要直，拱顶约0.5米。然后把1.6米宽幅的遮阳网覆盖在竹架上，网的两侧边缘用细铁线绑在骨架上，一侧易解开以便掀开通风。

小拱棚覆盖，应以栽培叶菜和育苗为主。一般栽培小白菜可增产15%以上，对秋菜萝卜、大白菜、芥蓝和葱蒜可提早播种，提早上市，育苗出苗率高。苗株健壮，定植后覆盖可以促进成活，促进生长，增加产量。

（3）畦面遮阳覆盖。为了保持土壤湿度，减轻台风暴雨冲刷，可在叶菜播种或苗床播种后，在畦面覆盖遮阳网，苗出齐后应立即揭去遮阳网，这可以加快出苗，出苗率大幅度提高，并减轻猝倒病、立枯病的发生为害。

（4）其他。浮面覆盖是用遮阳网直接覆盖在作物上面；也可用竹竿、绳子搭成简易的水平棚架（高60～70厘米）覆盖遮阳网。

总之，遮阳网的覆盖可根据季节和作物不同，采用就地取材，因地制宜的方法进行。

三、防虫网

防虫网覆盖栽培是继遮阳网覆盖栽培后，又一新型蔬菜夏秋设施栽培技术，在发达国家该项技术已被广泛采用（图8-5）。

图8-5　防虫网

（一）防虫网的作用

1. 防虫

夏秋季节是青菜虫、小菜蛾、斜纹夜蛾、甜菜夜蛾、猿叶虫、跳甲和蚜虫等多种害虫的多发时期。覆盖防虫网后，由于防虫网网眼少，一般密度为22～30目，又是全生长期覆盖，害虫飞（钻）不进，在田间形成一个人工隔离屏障，可以有效地抑制害虫侵入和切断害虫传播途径，防虫效果良好，覆盖防虫网后实现了蔬菜生产不打或少打农药。

2. 防病

防虫网覆盖对叶菜霜霉病和白斑病等气性叶面病害的防治效果可达60%～90%。此外，对叶菜软腐病和大白菜干烧心病等病害均有不同程度的防治效果。

3. 防暴雨冲刷

防虫网网眼小，机械强度高，因而防暴雨冲刷效果十分明显，6—7月梅雨期雨量大、降水量多，此期播种的叶菜常受损严重甚至绝收，而覆盖防虫网的，暴雨降到网上，经撞击进入网后已大大减弱，冲击力小，叶菜不仅无虫害，而且生长良好，抗灾增产效果十分显著。

4. 省工节本，使用方便

蔬菜遮阳网的遮光率一般在30%～70%。由于遮光过多，不宜全程覆盖，需前盖后揭或日盖夜揭，或晴盖阴揭，管理较费工。防虫网遮光率在10%～15%，遮光较小，可以全程覆盖，一用到底，管理省工。应用防虫网覆盖后，叶菜全生长期可安全不打农药，节省农药喷药用工。亩茬次可节本80～100元。

5. 减药控害，增产、增效

防虫网还具有保湿、防强风、防冰雹、防冻害等功能，能增加抗灾能力。采用防虫网蔬菜栽培技术，可起到减药控害、增产、增效、维持农田生态平衡的作用。

应用防虫网种植蔬菜，可不打或少打农药，减少农药中毒，无虫眼，清洁少泥，生长期比露地提前4～5天，商品性提高，受消费者欢迎。

（二）防虫网的使用

1. 大棚覆盖

将防虫网直接覆盖在棚架上，四周用土或砖压严压实。棚顶压线要绷紧，以防强风掀开。平时进出大棚要随手关门，以防蝶、蛾飞入棚内产卵。

2. 小拱棚覆盖

将防虫网覆盖于小拱棚的拱架上，以后浇水直接浇在网上，一直到采收都不揭网，实行全封闭覆盖。

夏秋栽培蔬菜一般采用防虫网全棚覆盖。生育期较长、高秆或需搭架的蔬菜需用大中棚栽培，以便于管理、采收。夏秋栽培的速生叶菜类蔬菜，因其生育期短，采收相对集中，可用小拱棚覆盖栽培。晚秋、深冬、早春的反季节栽培，可在大棚放风口处设置防虫网，并用压膜线压紧。

第三节　生物防治技术

一、生物防治技术概述

1. 生物防治的概念

生物防治是利用生物或其代谢产物来控制有害动、植物种群或减轻其危害程度的方法。传统的生物防治主要包括病原微生物和天敌动物，现代生物防治的含义有了较大的扩展，还包括昆虫不育、昆虫激素和寄主抗性等方面。

2. 生物防治的特点

生物防治有很多优越性，如多具有预防作用，有的能够长期控制病虫害，对人畜安全，不污染环境，对植物及其他天敌无不良影响，不干扰其他防治措施。生物防治是利用天敌控制害虫，保持害虫与天敌的相对平衡，减少害虫的大量发生，因此是贯彻以防为主的必要措施。利用天敌防治害虫能长期有效地控制害虫，并通过传播和繁殖，扩大受益面积。但也有不足之处，如一种天敌能够防治的病虫害的种类一般不多、防治效果受环境条件的影响较大、控制效果出现较迟等。因此，生物防治应与其他防治方法结合进行。

3. 生物防治的重要性

综合防治是多种防治方法的综合，主要是控制害虫数量，使其不能造成为害，即使受到了损失，也在经济允许范围内。在防治前需要确定一个防治指标，当害虫达到防治指标时，才综合考虑采用物理防治、化学防治、生物防治等其他先进防治技术，生物防治是综合防治的重要内容。天敌因素的作用和如何利用天敌，从而用来控制害虫的数量，是综合防治首先考虑的问题。

二、生物防治的主要方法

1. 以虫治虫

利用捕食性或寄生性天敌昆虫防治害虫。捕食性天敌昆虫有螳螂、澳洲瓢虫、草蛉等，生产上我国曾引进澳洲瓢虫防治吹绵蚧，效果显著。寄生性天敌昆虫寄生于害虫体内，以其体液和组织为食，致其死亡。它们大多属于膜翅目、双翅目类昆虫，如被广泛利用的各种寄生蜂和寄生蝇等，它们寄生在蝶、蛾等类幼虫体内或蛹内，致其死亡。

2. 以菌治虫

利用微生物的寄生或产生的毒素防治害虫。自然界中很多微生物都能引起昆虫发病甚至死亡，常见的微生物包括一些虫生真菌（如绿僵菌、白僵菌等）、细菌（如苏云金杆菌）、病毒（如斜纹夜蛾核多角体病毒等）。目前，国内研究开发应用并形成商品化产品的微生物杀虫剂主要有细菌杀虫剂、真菌杀虫剂和病毒杀虫剂等种类。其中真菌杀虫剂有白僵菌、绿僵菌和拟青霉等，我国很多地方用白僵菌防治马尾松毛虫，取得了很好的防治效果；绿僵菌用于防治金龟子等地下害虫以及杨树等林木上的天牛，效果也不错。细菌杀虫剂Bt对鳞翅目幼虫如斜纹夜蛾、小地老虎和小菜蛾等有很好的防治效果，是目前研究最多、应用最广的细菌杀虫剂。病毒杀虫剂是一类以昆虫为寄主的病毒类群，有核型多角体病毒、颗粒体病毒等，它们可使某些植物害虫（如茶蚕、小茶蛾等）在自然环境中受到感染，对害虫的猖獗能起到较好的控制作用。

3. 以菌治病

利用微生物活体或其代谢产物来防治病害。如用野杆菌放射菌株84防治细菌性根癌病是世界上著名的生物工程防治成功事例，利用某些芽孢杆菌防治炭疽病、利用枯草芽孢杆菌防治水稻纹枯病、稻曲病等。

4. 利用各种有益动物防治害虫

除了寄生性和捕食性的昆虫天敌外，用于防治农业害虫的还有其他动物，主要是捕食性节肢动物和食虫的脊椎动物。鸟类天敌有啄木鸟、灰喜雀、山雀等，可以捕食不同虫态的害虫。节肢动物除了捕食性天敌的螳螂、瓢虫外，还有螨类和蜘蛛，此外，还有青蛙、蟾蜍等，都对控制害虫作出了极大的贡献。

5. 其他方法

除此之外，生物防治还有许多其他的内容，有的方法虽然可能起不到杀害的作用，但是可以达到控制害虫大发生的目的。如利用害虫体液、性激素等分泌物或排泄物，性激素可以诱集异性害虫，进而对异性害虫进行扑杀，另外干扰雄性和雌性正常交配，使害虫数量下降；还可利用在一个区域中使用保幼激素，使未成年的有害生物不能正常生长发育；一些生物药剂，通过接触害虫的表皮，可以改变昆虫表皮几丁质外骨骼的结构，从而使害虫不能正常蜕皮，最终死亡。

三、生物防治技术的应用

1. 利用瓢虫防治蚜虫

瓢虫是蚜虫的重要天敌。菜地里可见到的食蚜瓢虫的种类较多，均属于鞘翅目瓢虫科。主要种类有：七星瓢虫、多异瓢虫、异色瓢虫、龟纹瓢虫和二星瓢虫等。

七星瓢虫，其幼虫和成虫均可捕食蚜虫，食量较大，一头4龄幼虫日捕食蚜虫1 000多头，七星瓢虫是菜田害虫优势天敌种群，其他生活习性详见稻田害虫天敌（七星瓢虫）。该瓢虫还可通过田间的保护，人工饲养，繁殖，建立种群数，释放到菜田，控制蚜虫等害虫的为害。

利用瓢虫防治蚜虫的步骤如下。

（1）释放时间。菜田投放瓢虫的时间，以下午接近傍晚、太阳将落时为宜。如果放虫时间太早，在阳光照射下，就会导致成虫大量迁移，幼虫也因气温高而死亡率大增。

（2）释放的虫态。如果释放成虫，则其迁移性大，效果不稳定。若释放4龄幼虫，则其虽食量大，但化蛹期临近。因此，释放应以2、3龄幼虫为主，并应有一定比例的成虫。这是“混合兵种”，持续时间长，效果好。

（3）释放虫量与释放时期。释放瓢虫量的问题比较复杂，因蔬菜品种不同而异。大白菜可比黄瓜释放少些；菜上蚜虫量大时要多放一些。

从时期上看，释放瓢虫应掌握在瓜蚜发生初期数量少时的点片阶段为最好。可以说以瓢治蚜的关键在于一个“早”字。在瓜蚜刚刚在菜株上发生时就应及时释放一定数量的瓢虫，让其捕食，释放时瓢蚜之比为一般以1：（50～100）为好，每亩释放1 500～3 000头为宜。

（4）释放瓢虫的方法。释放瓢虫时，连虫带叶顺垄撒于菜株上，每隔2～3行放虫1行，释放均匀。

（5）注意事项。释放瓢虫后2～3天，应暂停农事操作及喷药治虫，以免伤害瓢虫。

2. 利用智利小植绥螨防治茄类叶螨

智利小植绥螨属蛛形纲，植绥螨科，原产于智利和地中海沿岸。智利小植绥螨具有发育快、繁殖力强、捕食量大等特点，在自然界中，刮风下雨对它无太大影响，适应能力强等。它现已引起人们的重视，是较有利用前途的一种捕食螨。

按1∶10的益害比，在茄子植株上释放足够数量的智利小植绥螨，对叶螨进行有效的控制。释放的适期要抓住田间害螨发生始盛期，这时，它尚未造成经济损失，但它在蔬菜植株上又有足够的数量，有利于智利小植绥螨的定居和繁殖，及时释放小植绥螨，就能有效地控制住叶螨种群的数量。在江西释放智利小植绥螨以4—6月及9—11月较为适宜。因为此时气候条件较好，而且是叶螨的盛发期。

3. 利用白僵菌防治玉米螟等害虫

白僵菌是一种好气性真菌，在8～13℃均能生长，以24～28℃生长最旺盛，30℃最适宜孢子产生。它对害虫的致病性，在适温下可加速致病进程，而在低温下仍有很高的致病力。相对湿度对白僵菌的发育和孢子发芽影响很大，高温低湿有利孢子形成，而孢子萌发和菌丝生长需要较高湿度，如气温30℃、相对湿度25%～30%对孢子形成最为有利，孢子萌发和菌丝生长以相对湿度100%最适宜，相对湿度95%时，孢子发芽率明显降低。在中性或微酸性条件下生长好，pH值为9.0以上不生长。白僵菌主要通过昆虫皮肤接触感染，也可以通过消化道、气孔及伤口等感染途径入侵虫体。在昆虫体内形成节状菌丝和圆筒形孢子，反复增殖，破坏昆虫组织，导致昆虫死亡。

防治玉米螟，需要每亩用含活孢子100亿个/克的菌粉150克，加入碎煤渣、细沙粒等载体，拌匀即成颗粒剂，每株玉米用2克，施于喇叭口内。

防治松毛虫可用含活孢子100亿个/克的菌粉，加水稀释100倍，进行喷雾。

防治大葱地蛴螬，可每亩用剂量2.5千克，孢子含量为15亿~20亿/克，拌细土沟施，治虫效果达68%~85%。

参考文献

何萍. 2016. 肥料养分高效利用策略[M]. 北京：中国农业科学技术出版社.

胡国安，孙福华，李红莲. 2018. 农药安全使用与经营[M]. 北京：中国农业科学技术出版社.

马骏. 2018. 测土配方施肥技术[M]. 北京：中国农业出版社.

秦关召，袁建江，等. 2017. 测土配方施肥实用技术[M]. 北京：中国农业科学技术出版社.

全国农业技术推广服务中心. 2017. 化肥减量增效技术模式[M]. 北京：中国农业出版社.

徐阳春，韦中. 2014. 秸秆还田实用技术[M]. 南京：江苏科学技术出版社.